우리가 알아야 할

커피 사전

정해옥 저

 미디어

머리말

본 서는 커피에 대해 꼭 알아야 할 내용들을 쉽게, 다양한 각도로 이해하고
자 노력하였으나 많은 부족함이 있다고 생각한다. 앞으로 부족한 부분들은
다시 채워나가야 할 것이다.

이 책은 총 8장으로 구성되어 있다. 커피의 개론과 실제를 세분화하여 다
루었으며, 실제로 적용 가능하도록 개념적인 측면들을 정리하였다.

제1장 커피의 기원과 역사
제2장 커피나무의 재배 및 종류, 원두와 정제 외 커피의 맛에 대하여
제3장 커피 만드는 방법
제4장 커피 + α의 즐거움
제5장 카페와 세계의 문화
제6장 커피감정사, 바리스타, 인스턴트커피, 국제커피기구 등
제7장 커피와 건강
제8장 세계의 산지별 커피상품 원두

에 대하여 커피이야기를 풀어나갔다.

에티오피아에서 발견된 커피가 예멘의 모카를 거쳐 서양인들을 사로잡았
고, 미국을 통해 우리나라에까지 전해져 대부분의 우리 일상 속에서 깊숙히
자리잡고 있다.

아침에는 한 잔의 커피를 마시면서 하루를 시작한다. 이렇게 친숙한 커피는 우리 생활의 일부분으로 자리잡고 있기에 커피에 관한 방대한 이야기는 앞으로도 계속되어 지지라 믿는다. 이 책이 나오기까지 처음부터 끝까지 도움을 주신 MJ미디어 나영찬 사장님께 감사드린다.

이 책을 읽으면서 커피를 사랑하는 사람들이 커피로 인해 삶이 더욱더 커피의 향기로운 행복함이 가득하였으면 하는 바램을 가져본다.

2010년 9월

정 해 옥

차 례

Chapter 1 커피의 기원과 역사 / 11

Chapter 5 카페와 세계의 문화 / 187

Chapter 6 커피의 권위 / 223

|커|피|의|기|원|과|역|사

커피(Coffee)라는 말의 어원은 커피나무가 야생하는 곳의 지명이기도 한 아랍어에서 유래한다. 에티오피아의 카파(Kaffa)는 '힘'을 뜻하고, 이 말은 힘과 정열을 뜻하는 희랍어 'kaweh'와 통한다. 이것이 아라비아에서 'Qah-wa'(와인의 아랍어 : 식물에서 만들어진 포도주, 커피 및 여러 음료를 총칭하는 말)가 되고, 터키에서 'kahve', 프랑스에선 'Cafe', 이태리에서는 'Caffe', 독일에서는 'Kaffee', 네덜란드에서는 'Koffie', 영국에서는 'Coffee'로 불린다. 실제로 17세기 초 유럽에 소개된 커피는 '아라비아의 포도주'라고 불리기도 하였는데, 영국에서 1650년경 블런트 경이 커피라고 부른 것이 계기가 되었다. 또 다른 주장은 시(時)에서 와인을 일컫던 'Quahweh'라는 아라비아 말에서 나왔다는 것으로, 와인이 금지되어 있던 이슬람교도들 사이에서 커피로 바뀌었다는 것이다.

에티오피아인들은 커피를 'Bun', 커피 추출액을 'Bunchung'으로 부르는데 이 말이 독일에서는 'Bohn', 영국의 'Bean'의 어원이 되었다. 또한 'Mocha'라고 불리는 커피의 이름은 홍해의 커피를 운반하던 모카 항에서 유래된 것이다. 일본에서는 '코히(コーヒ)', 러시아에서는 'Kophe' 그리고 체코슬로바키아에선 'Kava', 베트남에서는 'Caphe'로 불리고 있다. 참고로 커피는 에스페란토어로 'kafva', 덴마크에서는 'kaffe', 핀란드에서는 'kahvi', 헝가리에서는 'kave', 체코에서는 'kava', 폴란드에서는 'kawa', 루마니아에서는

'cafea', 크로아티아에서는 'kafa', 세르비아에서는 'kava', 스웨덴에서는 'kaffe', 터키에서는 'kahue', 그리스에서는 'kafeo', 캄보디아에서는 'kafe', 말레이시아에서는 'kawa'로 불린다.

커피의 근원이 우리가 추정할 수 있는 수백만 년 전으로 거슬러 올라가 볼 수 있듯, 그 나무가 지닌 결실의 발견도 실로 전설 아닌 전설들에 가려진 하나의 놀라운 사건이다.

커피의 발견을 둘러싸고 많은 이야기들이 있지만, 크게 두 가지의 전설로 나뉘고 있다. 하나는 아라비아국의 셰이크 오마르의 전설과 아비니시아(지금의 에티오피아)의 칼디의 전설이다. 그 중에서도 칼디(kaldi)의 이야기는 수백년이 지나도록 회자되어지는 이야기이다.

수년이 흘러서 에티오피아 종족들은 커피 체리를 동물의 지방에 말아 넣어서 공의 형태로 만들어서, 긴 여행에도 보관이 가능하도록 했다. 같은 시기에 아랍의 상인들은 커피 빈을 끓이고 로스팅하기 시작해서, 인기 있는 이 농작물을 다른 사람이 재배하지 못하도록 했다. 유목민족 덕분에 커피의 활력을 되찾게 하는 힘이 중동으로 퍼져 나가게 되었다.

16세기에 이르러 이 음료는 아라비아 와인이라는 이름으로 베니스와 마르세유 항구를 통해 점차적으로 유럽에 소개된다. 하지만 정식으로 유럽에서 진가를 발휘하기 시작했던 것은 1683년 터키의 침공에서 비롯했다. 베니스를 포위 공격하던 터키군이 패하고 난 직후에 퇴각을 하면서 많은 양의 커피를 진영에 남겼고, 이를 계기로 오스트리아인들은 이 향기로운 음료를 맛보고 그 진가를 알게 되었다.

'카펠'이라 불리는 반달 모양의 파이와 곁들여 커피를 제공하였던 최초의 커피하우스를 설립하여 터키군을 격퇴시킨 승리를 경축하였다고 한다. 카와카네(qahweh khaneh)의 전수자라 할 아라비아 정통식 커피하우스들이 커피, 음료 및 파이를 판매하게 되면서 18세기, 유럽의 전역에서 호황을 누리게 되었다.

01 칼디
Cardi

커피열매를 처음으로 발견했다고 하는 전설의 주인공.
양치기 소년시인으로 현재의 에티오피아에 살았다고 한다.

커피가 언제 어디서 발견되었는지 정확한 것은 알 수 없다. 그러나 커피의
발상지가 인류의 발상지라고 하는 고대 아비시니아(현재의 에티오피아) 부근
이었다는 설이 유력하며, 에티오피아 남부의 지명 '카파'에서 이름을 따 '카페'
가 되었다고도 전해진다. 에티오피아 기원설을 상징하는 유명한 일화가 '목동
시인 칼디의 전설'이다.

기원전 6~7세기경 칼디라는 소년은 양치기를 하며 들판을 거닐면서 시를
지었다. 그러던 어느날 아무리 피리를 불어도 양들이 한 마리도 돌아오지 않
았다. 찾으러 갔더니, 양들이 푸른 나뭇잎과 빨간 열매를 먹고 날뛰면서 울부
짖고 있었다. 마법에 걸린 듯 흥분하고 있었던 것이다.

목동시인 칼디의 전설은 '춤추는 양의 전설'이라고도 한다.

칼디는 가까운 수도원의 승려에게 이 사실을 알리고, 함께 나뭇잎과 열매를 씹어보았다. 그러자 그들도 기분이 상쾌해지고, 피로가 사라졌다. 그 후 수도원의 승려 전원이 이 열매를 먹고, 졸음에 방해받지 않고 수행에 전념할 수 있었기 때문에, '잠들지 않는 수도원'으로 널리 알려지게 되었다고 한다.

02 고대 아비시니아
Abyssinia

15세기에 아프리카의 아비시니아 고원에서 남아라비아 예멘지방으로 커피나무가 이식되었다고 하는 것은 사실로 받아들이고 있다.

금을 산출했기 때문에 옛날에는 강대한 제국으로 빛났고, 이집트도 지배한 적이 있다. 예멘은 300년대 초부터 아비시니아의 영향하에 들어가고, 525년에는 침공을 받아 아비시니아 총독의 지배하에 들어갔다.

03 오마르의 전설
Omar

또 하나의 유력한 커피기원 전설은 '오마르(Omar)의 전설'이다. 예멘을 무대로 한 이슬람 사원에 관련된 이야기로, 10세기에는 아라비아 각지의 이슬람 사원에서 비약처럼 사용되었다고 하는 커피(라제스의 기록)가, 그리스트 교도에 의해 발견되었다고 하는 것은 상황에 맞지 않는다고도 추측되는 설이다.

이슬람 쪽의 전설은 1558년 아브달 가딜의 저서 〈커피 유래서 : 커피의 정당성에 관한 결백한 주장〉에서 13세기경의 이야기로, 예멘의 승려 오마르가 모카의 왕비가 병에 걸렸을 때 그녀의 병을 고치기 위하여 기도를 해주다가 왕비와 눈이 맞아 사랑에 빠지고 만다. 그 사실을 알게 된 모카의 왕이 오마르를 우사브 산속으로 추방을 시켰는데, 오마르가 먹을 것을 찾아 산속을 헤매다가 새가 쪼아먹던 빨간 열매를 발견하게 된다.

오마르가 그 열매를 끓여 먹었는데 끓이는 중에 말할 수 없이 좋은 향기가 났고, 그 끓인 물을 먹고 나니 피로가 사라지고 몸에 활력이 돌았다. 이에 오마르는 그 열매를 달인 물로 많은 병자를 낳게 하였는데, 그에 감동한 모카의 왕이 그 공로를 인정하고 사면해 주었다는 전설이 기록되어 있다.

04 게말레딘의 설

약 1415년에 다란 출신의 이슬람교 율법사였던 게말레딘은 에티오피아 지역을 여행하던 중 커피의 효능을 경험하였다. 예멘으로 돌아와 건강이 나빠지게 되자 사람을 보내 커피를 구해오게 하여 먹고 병에서 회복되었으며, 율법을 공부하는 학생들에게도 권하여 밤늦도록 졸지 않고 수도에 정진할 수 있도록 하였다.

05 아라비아 여행자의 설

약 15세기 중반에 한 아랍 사람이 에티오피아를 여행하다가 피곤하고 허기짐을 느껴 밥을 짓기 위해 바짝 마른 나뭇가지로 불을 지폈는데, 나중에 불에 익은 열매들이 좋은 향기를 풍기는 것을 알게 되었다. 그 중 몇 개를 깨뜨리니 더 많은 향이 퍼져 나왔고, 실수로 물에 빠뜨렸는데 물이 신선하고 기분을 좋게 하여 피로까지 회복시켜주는 것을 알게 되어 예멘으로 돌아와 보급시켰으며, 그 효능에 감사하는 마음으로 그 음료를 아랍어로 '힘'과 '에너지'를 뜻하는 'kaweh'(카후아)로 불렀다.

06 마호메트의 전설

이슬람교의 예언자 마호메트가 병에 걸려 앓고 있을 때 꿈에 천사 가브리엘이 나타나 커피의 나무와 열매를 보여주었다. 열매를 먹은 마호메트가 병이 나아 40명의 장정을 말에서 떨어뜨리고, 40명의 여자를 거느리게 되었다는 전설이다.

07 라제스
Rhazes, 850~922

아라비아(현 이라크)의 명의이며, 철학자이고 천문학자이다. 야생 커피의 씨앗(반)을 끓인 물을 '반캄'이라 이름지어 환자들에게 마시게 하고, 소화촉진, 심장강화, 이뇨의 약리효과를 인정했다.

08 카리오몬
Kariomon
에티오피아의 전통적인 풍습인 '커피 세러머니'를 말한다.
관혼상제는 물론 일상의 사교에서도 자주 행해진다.

커피의 발상지라고 하는 에티오피아에서는 다도의 시연인 카리오몬이라는 전통적인 관습이 있다. 영어로 '커피 세리머니'라고 하는데, 특별히 어려운 것은 아니다. 생원두를 씻고, 숯불에 볶고, 갈아서, 추출하기까지 일련의 작업을 손님들 앞에서 행하기 때문에 2시간 정도 걸리지만, 에티오피아에서는 가족이나 친구간에 일상적으로 즐기는 습관이다. 시연을 하는 것은 일반적으로 여성이며, 그 순서를 마스터하는 것은 신부수업의 하나로 여기고 있다.
시연에 흐르고 있는 것은 감사와 접대의 정신이다. 주인은 먼저 향을 피워 손님을 환영하고, 손님은 팝콘이나 에티오피아풍의 빵 등을 먹으며 담소를 나누면서 커피가 만들어지는 것을 기다린다.

시연을 하는 사이에 커피는 보통 3번까지 따른다.

첫번째는 아볼(Abol)이라 하며, 감사의 마음을 담아 대지에 따른 후 잔에 나누어 따른다. 두번째인 토나(Tona)에서는 소금을 넣는 것이 전통적인 방법이지만, 설탕과 밀크를 넣어도 관계없다. 세번째는 바라카(Baraka)라 하는데, 가족과 마을의 안녕을 기원하면서 마신다. 버터나 생강, 향료를 넣는 경우도 있다.

• 관혼상제, 일상생활의 많은 경우에서 커피를 빼어놓을 수 없는 나라

현대의 에티오피아에서 칼디의 전설은 누구나 알고 있다. 더우기 커피가 자국의 카페지방에서 발견되었다는 것은 정설에 가까울 정도로 많이 믿고 있다. 사실 에티오피아에서는 옛날부터 커피가 수도사의 졸음을 쫓거나 약용으로 널리 이용되고 있었다.

현재의 에티오피아에서 커피는 주요 수출품목의 하나인데 브라질, 콜롬비아, 인도네시아 등 다른 생산국들이 생산량의 거의 대부분을 수출하고 있는데 비해, 에티오피아는 약 반을 국내에서 소비하고 있다.

에티오피아에서 커피란 부족이나 종교의 차이, 계급에 관계없이 생활과 깊이 관련된 존재이다. 커피를 결혼신청에 이용하는 지방도 있으므로, 단순한 기호품에 그치지 않고 인생의 고비, 축하연, 슬픔의 밤, 새로운 만남에 이르기까지 없어서는 안 될 불가결한 것이라고도 할 수 있다.

에티오피아의 커피는 원산국으로서의 자긍심과 함께 이어져 내려온 소중한 문화이다.

[카리오몬 순서]

1. 푸른 풀(사진은 모조)을 깔고, 화로, 주전자, 잔, 절구, 절굿공이, 철냄비 등을 준비한다.

2. 숯불을 피우고 송진과 유향으로
   만들어진 향을 피운다.

3. 커피의 생원두를 씻는다. 원두를
   철냄비에 넣고 물을 넣어 손으로
   여러 번 씻는다.

4. 철냄비를 흔들면서 불에 볶는다.
   냄비에서 원두의 튀는 소리가
   들리고 연기가 난다.

5. 팝콘이나 빵을 먹으면서 기다리는 손님에게 볶아진 원두의 향을 맡게 한다.

6. 주전자에 물을 끓이면서, 소형의 절구와 절굿공이로 볶은 원두를 빻아서 가루로 만든다.

7. 물과 빻은 원두가루를 주전자에 넣고 불에 올린 후 끓는 것을 기다린다.

8. 끓으면 일단 커피를 잔에 따랐다
   가 다시 주전자에 붓는다. 적당
   한 농도가 될 때까지 이 동작을
   반복한다.

9. 커피를 잔에 따라 주빈과 연장자
   의 순으로 권한다.

※ 설탕이나 밀크는 기호에 따라.
   에티오피아에서는 소금을 넣어
   마신다.

작은 커피잔에는 손잡이가 달려있지 않다. 커피의 맛은
물에 끓였다고 생각할 수 없을 정도로 과일향과 단맛이
있다.

최초의 커피하우스

09

Coffee House

아라비아와 유럽에 커피가 전해진 무렵, 많은 사람들이 모여 커피를 마시며 환담을 나누었던 사교장을 말한다.

종교인들의 '비약'이었던 커피는 1454년, 성자 게마르딘에 의해 일반인에게도 공개되자 곧바로 아라비아반도 전역으로 퍼졌다. 1554년에는 콘스탄티노플(현 이스탄불)에 가장 오래된 커피하우스인 '카네스'가 개점하였다. 카이로, 다마스커스에서도 커피하우스는 번성하여, 승려를 비롯해 병사, 서민들이 커피의 향기와 함께 활발한 토론을 즐겼다.

커피가 아라비아에 전해진 무렵의 커피하우스

그러나 커피하우스가 너무 번성한 것에 대해 한편으로는 '커피는 풍기를 문란시킨다'는 여론이 일어났다. 찬반양론의 소용돌이 속에 이집트 통치하의 메카에서 사상 초유의 커피금지령이, 지방장관인 카일 베이에 의해 내려졌다. 하지만 당시 카이로의 지배자였던 이집트의 술탄은 커피를 아주 좋아했다. 카일 베이를 지지자들과 함께 처형하고 커피금지령을 철회했다.

　16세기 이후 카이로의 사건과 비슷한 커피 박해가 이슬람교 국가에서 일어나는 가운데, 커피의 정당성을 제기하는 시도도 있었다. 특히, 1587년 아브달 카디가 쓴 〈커피유래서〉는 역사에 한 획을 그었다. 커피가 건전한 음료라는 내용을 38부에 기록하고 있으며, 현재 파리의 국립도서관에 보관되어 있다.

　커피하우스에 대한 우여곡절을 거치면서도 커피는 17세기 터키에서 유럽으로 전해져, 각지에 커피하우스가 생겨 성황을 이루었다. 현재는 홍차의 세계적인 브랜드로 알려진 영국의 트와이닝도, 당시 런던에서 개업한 것은 커피하우스였다는 에피소드가 있다.

커피하우스

커피하우스는 가난한 예술가들이 모여서 작업도 하고 토론도 하는 장이었다. 파리의 카페는 북쪽 교외에 있는 몽마르뜨 주변에 발달해 왔는데, 치솟는 집값 때문에 파리 시내에서는 더 이상 살 수 없는 가난한 예술가들이 몽마르뜨로 몰려들었다. 피카소 등이 살던 '세탁선'이라 블리는 아파트도 이곳에 있다. 생뱅상의 묘지 옆에 있는 카페 '라팡아지르'에는 르노아르, 피카소, 로트렉, 로드리고 등이 매일 모였고, '오드와 마고'는 사르트르와 보바르가 항상 들렀던 곳이다. '샤놀', '카페 당브랑', '카페 누벨아테네', '카페 라무르', '카페 르 보와' 등에는 로트렉, 마네, 드가, 졸라, 모파상 등이 드나들었다.

파리의 카페와 카바레는 지금도 계급, 신분, 직업 구분없이 사람들로 층층마다 꽉 차 있고 대부분의 가게는 커피 이외의 음식물도 취급하며 문 밖에도 테이블을 설치해 두고 시간을 제한하는 일도 없다. 대혁명 시절 혁명파에 대항한 왕당파의 무리가 모였던 '카페 드 라페'는 아직도 오페라 옆에 있다.

10 영국의 커피하우스

영국 최초의 카페는 1650년에 옥스퍼드에서 문을 열었고, 주로 학생들이 즐겨 찾았다. 런던 최초의 커피하우스는 그로부터 2년 후에 콘힐의 세인트 마이클 앨리(St. Michael Alley)에 문을 열었다. 17세기 말에 이르자 이런 형태의 건물은 수백 개로 불어났다. 그리션(Grecian)은 주로 런던의 지식인들이 즐겨 찾던 카페였으며, 커피 가격은 한잔에 1페니였고 카페 모두 작가와 출판인의 만남을 제공하는 영국 문학의 성전 역할을 했다.

조나단 스위프트, 알렉산더 포프, 조셉 애디슨, 사뮤엘 페피스 등과 같은 작가들이 문단의 원로 존 드라이든과 함께 문학적인 재담을 나누던 문학 카페는 윌스(Will's)였다. 1712년경 시인 다니엘 버튼이 자신의 이름을 따서 문을 연 커피하우스는 영국의 엘리트 문학가들, 특히 휘그당의 문인들을 끌어들였다.

1730대에 들어서면서 두 가지의 이유 때문에 카페에 대한 영국 사람들의 열정은 갑자기 식어버렸다. 첫번째 이유는 1페니만 있으면 누구든지 같은 테이블을 차지할 수 있다는 사실에, 소위 영국 신사들이 달가워하지 않았던 것이다.

또 다른 이유는 차의 시대가 도래했기 때문이었다. 네덜란드와 프랑스의 무역회사들과는 달리 영국의 동인도 회사는 거래할 만한 식민지산의 커피가 없었다. 그래서 자연스럽게 중국차에 눈을 돌렸고, 영국 정부도 새로운 무역품을 강력하게 지원해주었다. 따라서 19세기에는 의심할 여지 없이 차의 시대가 된 것이다.

11 커피금지령 ①

커피의 죄악에 대해 신학자, 법률가, 의사들이 모여서 수차례 의논한 후에 선포하였다. 커피하우스의 폐쇄, 점주의 구속 등 엄중한 것이었다.

커피가 전파되면서 커피를 매매하는 곳뿐만 아니라 시설을 갖추고 음용할 수 있도록 커피를 판매하는 곳이 생겨났는데, 지금의 커피숍처럼 사람들이 모여서 서로 이야기를 하고 사교의 장으로서 커피하우스가 운영되었다. 커피가 전파되는 과정에도 여러 가지 일들이 많았으나, 그 중 한 가지는 바로 커피금지령이다.

트와이닝은 처음에 커피하우스를 열었지만, 티하우스로 바꾸었다. 당시 런던에서는 커피하우스가 대유행이었지만, 여인금지제가 있어 주부들로부터 반감을 샀기 때문이라고 한다. 실제로 '커피가 부부관계에 지장을 가져온다'는 탄원서가 시장에게 제출되었다.

회교국의 유명한 내과의사들이 커피를 즐겨 마신 사람들에게서 병이 발생하고, 커피 안에 인체에 유해한 성분이 있다고 제의하면서 커피 판매를 불법으로 선언하였다. 이를 근거로 커피 판매 금지령이 나오게 되었다. 또 한 가지로는 사람이 모이는 곳에서 당연히 여러 이야기들이 오가게 되고 정치적인 입장에서 보면 이곳은 대중을 선동하게 하는 장소가 되기도 하여 커피금지령이 나왔다. 커피금지령은 1511년 아라비아의 메카에서 처음 시행되었으며, '커피는 술과 같이 독성이 강한 선정적인 음료'라 하여 이슬람교도 전원에게 커피를 마시지 못하도록 금지하였다.

이 금지령은 이집트에서 풀리게 되었다. 지도층부터 커피를 마시지 않고는 견딜 수 없었던 상황이었으며, 이집트에서 금지령이 선언되었을 때는 이미 많은 사람들이 모여서 돌려가며 커피를 마시고 있었기 때문이었다. 그 이후 1650년대 이집트 카이로에서는 643개의 커피전문점이 성황을 누렸으며, 18

세기 말에 이르러서는 그 두 배가 넘는 수로 불어나게 되었다. 17세기 영국에서도 이와 비슷한 커피금지령이 법령으로 제정되기도 했다.

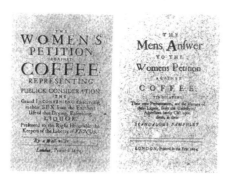

1674년 런던의 주부들에 의해 제출된 커피하우스 금지의 탄원서와 남성들의 답신.

12 커피유래서

아브달 카디의 〈커피유래서〉. 이 시기에 터키에서는 커피하우스가 '현자의 학교'라 불리었다.

13 클레멘스 8세
Clemens VIII

이슬람 교도의 음료로 '이단' 취급을 받았던 커피에 세례를 내려, 그리스도교 세계에 받아들이게 한 인물.

1615년 커피가 터키에서 베네치아에 들어온 당초에도 찬반양론에 휩싸였다. 곧이어 로마로 전해진 커피는 '이슬람 교도의 음료'이며, 그리스도 교도는 마셔서는 안 된다고 여겼다.

'악마의 음료라고 하는 커피가 이렇게 맛이 있는 것은 어찌된 이유인가. 이러한 것을 이교도가 독점하게 두는 것은 아까운 일이다. 짐은 커피에 세례를 내려 그리스도 교도가 마실 수 있는 자격을 부여한다'라고 당시의 클레멘스 8세가 말했다. 이 말대로 커피에 세례를 내려, 공공연히 유럽사람들이 마실 수 있게 되었다.

로마법왕 클레멘스 8세가 커피에 세례를 내렸다.

프랑스에서 커피가 뿌리를 내리게 된 계기를 만든 것은 루이 14세였다. 1669년 재불 터키대사 소리몬 아가가 제공한 터키식 커피는 곧바로 루이 14세를 매료시켰다. 그 결과 터키에서 프랑스로 커피를 들여오고, 다음 루이 15세 시대에 커피는 프랑스 상류사회의 상징이 되었다.

14 소리몬 아가

터키 대사인 소리몬 아가는 오스만제국 모하마드 4세의 명으로 파견되었다. 루이 14세에게 헌상한 1잔의 향기좋은 '터키식 커피'로 다음해 5월까지의 파리 체류와 커피 보급활동을 허가받았다.

재불 터키 대사 소리몬 아가는 루이 14세에게 터키식 커피를 헌상했다.

귀족들은 터키풍의 가구장식과 패션과 더불어 '와인과는 또 다른 매혹적인 음료'에 도취되어, 프랑스는 터키의 커피 수입을 시작하게 되었다. 아가의 '커피 외교'는 훌륭한 성공담으로 알려져 있다.

15 우리나라 커피의 역사 및 커피시장

한국에 커피가 소개된 것은 아관파천 무렵 1865년경 러시아 공사관에서 고종황제가 마신 것이 처음이었다. 문헌에 의하면 "우리나라에서 최초로 커피를 마신 사람은 고종황제로, 1895년 아관파천으로 러시아 공사관에 머물면서 커피를 마셨다."고 되어 있다.

그 후 러시아 공사 베베르(Karl Ivanovich Waeber)의 미인계 전략으로 한국 사교계에 침투한 독일인 손탁이란 여자가 러시아 공사관 앞(중구 정동)에서 커피점(정동구락부)을 차린 것이 효시이다. 이곳은 당구장과 다방을 겸한 곳으로 각종 다류와 양식을 선보였다.

한편으로는 일본인 나까무라가 서울에 문을 연 다방 '나까무라'가 최초의 근대식 다방이라고도 한다. 이러한 일본식 다방(깃샤텐)은 한일합방 직후에 명동과 충무로, 종로에 다수 문을 열었으나 일부 고위층만이 드나들던 곳으로 일반인들은 감히 출입할 엄두도 낼 수 없었다. 당시에 커피를 처음 마셔본 우리나라 사람들은 이를 이상한 서양의 국물이라 하여 "양탕국"이라고 이름 붙였다.

외식시장의 성장과 더불어 커피 전문점 시장은 점차 확대되고 있는 추세이며, 연 평균 약 1,000억 원 가량으로 커피시장의 확대는 국제적인 추세라 할 수 있다. 미국 투자은행의 애널리스트들에 의하면 스타벅스는 미국 내 2만 2천여 개에서 최대 3만여 곳까지 증가될 수 있다고 분석하고 있으며, 이는 맥도널드보다도 더 많은 숫자라 할 수 있다(파이낸셜 뉴스 2006.4.10 : 스타벅스, 맥도널드 제칠 듯…3만 개 매장 곧 개설).

국내 커피시장을 살펴보면 스타벅스, 커피빈을 비롯한 7개 커피 전문점의 총매출액은 2003년 1,283억 원에서 2004년 1,664억 원으로 증가하였고, 2005년은 2,323억 원을 상회할 것으로 예상되며, 2003년 451개에서 2004년 534개로 증가하였으며, 2005년에는 609개로 2003년도 대비

134%의 신장이 예상되는 빠른 증가를 보이는 시장이다(문화일보 2005.2. 12 : 패스트푸드 '울고' 커피 전문점 '웃다').

국내 커피 전문점 시장에서 500억이 넘는 매출을 보이고 있는 커피 전문점은 스타벅스와 로즈버드 두 곳이라 할 수 있다. 로즈버드의 경우, 가맹비율이 60%를 넘고 있으나(매경이코노미 2004.3.17), 스타벅스를 비롯한 커피빈, 파스쿠치는 직영점 운영을 원칙으로 하고 있다. 커피시장은 빠른 증가세를 보이고 대기업의 커피시장의 진출를 가져왔다. 현재 신세계 그룹의 스타벅스코리아, 롯데그룹의 롯데자바, SPC그룹의 파스쿠치가 대표적인 예라 할 수 있다(동아일보 2006.1.20 : 대기업들 '커피맛' 알았다…신세계·롯데 전문점 확장 경쟁).

매출의 경우, 스타벅스코리아는 2005년도 148개 매장에서 912억 원의 매출을 달성하였으나(문화일보 2006.3.22 : 스타벅스코리아, 美 본사에 20억 비당), 고급 커피시장의 2위 자리를 차지하고 있는 커피빈&티리프의 경우, 55개 매장에서 380억 원의 매출을 보이고 있다(한국경제 2006.2.10). 현재 강남권을 중심으로 파스쿠치와 커피빈&티리프가 빠른 속도로 성장하고 있으며, 대기업의 커피시장 진출을 감안해 볼 때, 커피 전문점의 시장은 치열한 경쟁 상황 속에 직면하고 있다.

16 문인 이상과 다방

이상의 다방에 대한 이야기는 참으로 많다. 일제시대 문학가였던 이상이 처음 시작한 '제비다방'에 이어 '쓰루다방'을 문닫고 세번째 시도한 다방이 '69다방'이었다. 이 다방은 그러나 문도 열어보지 못하고 간판을 내려야 했다. 인사동에서 광교로 넘어온 이상은 '69다방'에 대한 허가를 종로경찰서에 받아놓고 69의 도안을 그린 간판을 걸어두었다. 그런데 다방을 열기 2, 3일 전

종로경찰서의 호출을 받고 가보니 다방허가가 취소되었다고 한다. 그 이유는 풍기문란죄였다.

식스나인이란 말은 아주 선정적인 말로 통했는데, 이를 알지 못한 경찰관이 허가를 내주었다가 한 시민의 항의를 받고 뒷북을 쳤던 것이다. 이상은 이 사건 이후로 경찰을 골린 일을 매우 재미있어 했다고 전해지고 있다.

17 고종과 커피

우리 나라에 커피가 처음 들어온 것은 일제시대였는데 시대적 분위기 탓인지 커피에 대한 인식이 그리 좋지 않았다. 여기에 더욱 쐐기를 박은 사건이 있었는데 이름하여 고종독극물 사건[1]이다.

아관파천[2] 당시 고종은 처음으로 세자이던 순종과 함께 커피를 즐겼다 한다. 그 후 덕수궁으로 환궁한 이후에도 커피맛을 잊지 못하고 계속 즐겼는데, 이것을 안 역도 김홍륙이 고종에서 앙심을 품어 숙수(주방에서 음식을 만드는 사람)를 매수하여 임금과 세자의 커피에다 독을 넣게 했다. 다행히 고종은 입에 넣었던 독차를 뱉어버렸으나, 세자인 순종은 한 모금을 마셔버려 그것이 유약체질의 원인이 되고 말았다고 한다.

---

1) 고종독살설 : 고종이 1919년 1월 21일 사망한 원인이 일제의 사주에 의한 독살이었다는 주장. 이날 아침 6시에 덕수궁에서 사망했는데, 뇌일혈 또는 심장마비가 사인이라는 자연사설이 있는 반면, 그날 아침 한약, 식혜 또는 커피 등을 마신 뒤 이들 음료에 들어 있던 독때문에 사망했다는 주장이 있음.
2) 아관파천 : 명성황후가 시해된 을미사변 이후 신변에 위협을 느낀 고종과 왕세자가 1896 (건양 1) 2월 11일부터 약 1년간 왕궁을 버리고 러시아 공관에 옮겨 거처한 사건

18 장 드 라 로크
Jean de La Roque

1644년, 도매상인이자 여행가인 피에르 드 라 로크는 마르세유의 일부 특권계층에게 커피의 맛을 전해 주었다. 그의 아들 장 드 라 로크는 자신의 저서 〈행복한 아라비아로의 여행〉에서, 모카를 탐험하면서 경험했던 것들을 이야기하고 있다. 그는 영국 상인의 도움을 받아 1708~1710년, 1711~1713년 두 번에 걸쳐서 모카를 탐험했다.

자신의 저서에서 예멘의 커피와 모카에 관한 흥미로운 이야기뿐만 아니라, 아프리카를 거쳐 아라비아까지 항해하는 동안 있었던 모험에 관해서도 이야기하고 있다. 1707년에 생 말로의 몇몇 선장과 도매상인들은 아라비아의 커피 무역에 관한 특권을 7천 프랑에 샀다(그 전까지는 프랑스 동인도회사의 특권이었다).

그들은 두 척의 르 딜리장(Le Diligent)에 각각 50여문의 대포로 무장하고서 바다에서 약탈을 일삼았다. 왈시와 르브룅드 샹플로레라는 두 선장이 각각 배를 통솔하고 M. 드 라 메르베유(장 드 라 로크에게 모험담을 이야기해 준 사람)라는 화물관리인이 상업적인 책임을 맡기로 하고서, 두 척의 해적선은 1708년 1월 6일 출범했다.

1709년 1월 모카에 도착한 프랑스인들은 약 7개월 동안 20만 피아스타(이집트, 터키의 화폐 단위) 이상의 원두를 사들였다. 1710년 5월 8일 생 말로에 정박한 두 선장은 다음해 초에 새로운 해적 탐험단을 조직했다.

|커|피|의|성|립|

01 커피가 잘 자라는 조건

커피나무는 연간 강우량과 기온, 생
산지의 표고 높이가 중요한 생산 조건
이다.

일년에 얼마만큼의 비가 내리는 지
역인가, 평균 기온이 어느 정도 되는
가, 산지가 해발 몇 미터에 위치하고
있는가, 서리나 안개가 있는 지역인가,
습도는 어느 정도인가 하는 여러 가지
자연환경의 조건들이 있다.

커피나무는 연간 평균기온이 18~
22도가 가장 적당하다. 해발 고도는
아라비카종은 700~2000m 정도가
적당하다. 산지는 고도가 높아질수록
밤과 낮의 기온차가 심해진다. 낮에는
심하게 덥다가 밤이 되면 겨울처럼 추

워진다.

이런 기온의 차이가 커피의 열매를 단단하게 한다. 주로 인스턴트 커피용으로 사용되는 로부스타종 커피나무는 해발 고도 500m에서 자란다. 낮은 지역에 심어도 병충해에 강하고 잘 자라기 때문이다.

커피가 자라기에 좋은 강우량은 연간 1000~2000mm 전후가 적당하다. 습도는 적고 서리가 내리지 않아야 하며 안개가 끼는 지역이 좋다.

대부분 중미나 아프리카 지역들이 커피를 많이 재배하는데 주로 산 중턱, 계곡의 급경사에 있다.

중미나 아프리카의 커피 생산지들은 낮에는 뜨거운 태양이 내리쬐는데, 이런 지역에는 커피나무 옆에 커다란 열대과일 나무들을 심는다. 망고, 바나나, 잎이 커다란 열대나무들은 커피나무에 시원한 그늘을 만들어 준다.

02 커피 재배 지역(커피벨트, 커피존)
Coffee Belt
적도를 끼고 남·북회귀선 사이를 중심으로 한 벨트지대(약 북위 25도~남위 25도 사이)를 커피 재배에 적합한 지역이라 하여, 커피벨트 또는 커피존이라고 한다.

500종 이상의 속과 6,000종 이상의 종을 포함하는 커피에 대한 과학적인 연구를 처음 시작한 사람은 린네(Linnaeus)이다. 그의 분류에 의하면 커피는 꼭두서니과(Rubiaceae) 코페아속(Coffea)으로 분류되지만 코페아속의 모든 식물이 씨앗에 카페인을 함유하고 있지는 않으며, 카페인을 함유하고 있다 하더라도 상업적으로 중요한 것은 극히 드물다. 적도를 중심으로 아열대지방에서 자연적으로 자라는 커피의 종은 60여종에 이르지만 이들은 상업적 가치가 없고, 상업적으로 가치가 있는 10여종만이 커피존(Coffee Zone : Coffee Belt)이라 불리는 지역에서 재배되고 있을 뿐이다.

커피가 잘 자라는 기상 조건은 일년내내 온난하고 적절하게 비가 내리는 화산토양이다.

●● 커피 재배에 적합한 기상조건 3가지

① 평균기온이 20℃ 전후일 것.
② 커피는 추위에 아주 약하므로, 연간 및 주야에 적정한 온도차가 있을 것.
③ 연간 강우량이 평균 1500mm 이상일 것.

이 조건을 갖춘 지대는 적도를 끼고 남·북회귀선 사이의 지역이 된다. 현재 커피 재배가 이루어지고 있는 나라들은 전부 이 지역에 들어있다.

커피의 생육에는 또한 유기질이 풍부한 비옥토인 화산토양이 적합하기 때문에, 커피 재배 지역은 화산대 특히 고산일대의 농원이 많다. 표고 300~400m에 있는 커피농원도 적지 않지만, 표고 1500m 이상의 지대에서 나는 커피는 최고급품이 된다. 가장 높은 곳으로 2500m까지 농원이 있지만, 커피는 추위에 약하기 때문에, 서리가 내리는 곳에서는 잘 자라지 않는다.

커피벨트 지역은 기후가 비슷해도 지질은 다르기 때문에, 재배에 적합한 품종도 다르다. 정제방법도 다르기 때문에 커피의 맛도 산지에 따라 다르다.

'카페문화'라는 말이 생겨날 정도로 세계인의 음료 중 가장 사랑을 받고 대중화되어 있는 커피의 생산지는 극히 제한적이다. 커피나무는 세계 어느 지역에서 재배될 수 있는 것이 아니며, 그 나라의 기후, 토질, 위도 등 지리적인 요소가 제한되어 있으며, 가장 적당한 커피 재배 지역으로는 남·북회귀선 사이의 열대지방이다.

블루마운틴이라든가 모카 또는 만델링이라는 커피 이름은 생산지의 명칭이나 커피가 적출되는 항구의 이름을 따서 상징적으로 붙인 것으로, 이들 커피는 각국의 다른 기후나 토양조건에서 재배되는 동안에 여러 특성과 독특한 성분이 있어 나름대로의 특성이 있다.

세계의 커피 재배 지역

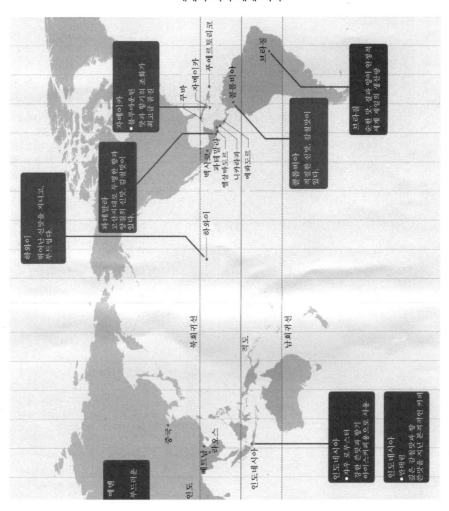

03 화산토양

　화산토양 전부가 커피 재배에 적합한 것은 아니다. 화산토양에는 석회질 토양과 화산성 토양이 있다. 석회질 토양에는 수분과 영양이 거의 없지만, 화산성 토양은 물이 잘 빠지고 점토가 섞여 있는 곳은 보습성이 있어 영양성분과 미생물, 특정 무기질을 많이 포함한 토양도 있어, 포도 등의 과실재배는 적합하지 않지만 커피 생육에는 적합하다.

콜롬비아에서는 산간지역에 농원이 있어 커피를 운반할 때는 당나귀를 이용한다.

연도 국가명	'01/02	'02/03	'03/04	'04/05	'05/06
브라질	35,100	53,600	32,000	42,400	36,500
콜롬비아	11,950	11,712	11,053	11,500	11,600
인도네시아	6,160	6,140	6,000	6,600	6,750
베트남	12,833	11,167	15,000	14,167	14,167
멕시코	4,200	4,350	4,350	3,980	4,300
과테말라	3,530	3,802	3,671	3,771	3,801
온두라스	3,098	2,661	2,972	2,453	2,990
코스타리카	2,338	2,207	2,106	1,910	2,050
엘살바도르	1,610	1,351	1,343	1,258	1,325
페루	2,550	2,760	2,870	2,935	2,760
세계 합계	111,351	126,648	107,634	119,794	113,091

※ 커피원두 주요 국가별 생산고(단위 : 천 포대) 미국 농무성 '05년 6월

04 산지(나라별)에 따른 커피의 품종

브라질(Brazil)

커피의 생산국을 라틴 아메리카군과 아프리카군으로 분류하는데, 세계 총 생산량의 80%를 차지하는 것이 라틴군이다. 세계 총 생산량의 50%를 차지하며 품질에 따라 산토스, 미나스, 리오, 빅토리아 등으로 구별한다.

- 브라질 산토스(Brazil Santos) : 브라질 커피의 최상품으로 상파울로 주와 산토스로부터 수출되는 커피이다. 부르본 산토스는 뛰어난 품질로 원두는 약간 작은 편이지만 콩에 빨간 줄무늬가 특징이다. 순하지만 신 맛이 약간 있고 향기가 좋아, 배합용 커피의 기본품으로 혀의 감촉이 부드럽고 풍미가 고른 우수한 품종이다.

콜롬비아(Colombia)

브라질 다음 가는 커피 생산국으로, 원두가 고르고 커서 브라질 커피와 비교하면 약 25% 양이 더 나온다. 대부분 아라비카 품종으로 명칭은 산지에 따라 메델린, 보고타, 아르메니아 등으로 구분한다.
- 콜롬비아 메델린(Colombis Medellin) : 마일드 커피의 대표적 품종으로 달콤한 향기와 신맛이 특징으로 남성적인 품격의 커피이다. '귀부인' 이라는 모카와 대조적으로 메델린은 '왕'이라 부른다.

베네수엘라(Venezuela)

마일드 커피의 우수품으로 정평이 나 있다. 국가적 차원에서 커피 생산을 장려한다. 카라카스, 다치라, 마라가이브 등이 있다.

멕시코(Mexico)

베라크루즈, 오리자바, 코르도바 등의 커피가 유명하며, 격조 높은 상쾌한 산미가 특징이다.

엘살바도르(ElSalvador)

중앙아메리카에서 최대 생산량을 자랑하며, 살바도르 커피라 불린다. 원두가 고르고 아름다운 녹색이다.

과테말라(Guatemala)

중앙아메리카에서 최고의 품질을 자랑하며, 고산지대 아라비카종, 저지대의 부르본종이 생산된다. 부드럽고 순한 향기와 격조 높은 풍미, 강한 신맛과 떫은 맛을 가지고 있어 배합시 개성을 내는데 좋다.

코스타리카(Costarica)

대서양과 태평양의 양측에 걸쳐진 중앙고원지대에서 커피가 재배되며, 영국으로 많이 수출한다.

자메이카(Jamaica)

카리브해의 중간쯤 쿠바 남쪽에 있는 이 섬은 커피 애호가들에겐 꿈의 섬이다. 섬 전체가 1,000~2,500m의 고지대로 커피 품질이 우수한데, 블루마운틴 커피라고도 불리며 원두 색상은 담청색이며, 단맛과 신맛, 쓴맛이 조화를 이룬다.

- 블루마운틴(Blue Mountain) : 세계를 통틀어 가장 품질이 좋고 맛이 있는 커피이다. 태양빛이 자메이카 섬 전체에 바다의 푸른 빛깔을 반사시켜 산 전체가 푸른 바다로 보여서 붙여진 이름이다. 영국의 왕실 커피로 선정되어 유명해졌지만, 워낙 산출량이 작아 우리나라에서 진품을 구하기 어렵다.

인도네시아(Indonesia)

과거의 유명한 아라비카종은 사라지고 아프리카로부터 이식해온 로부스타종이 재배된 것이다. 수마트라섬에서는 아직도 우수한 아라비카종이 생산되고 있는데, 이를 만델링이라 한다.

- 만델링(Mandheling) : 인도네시아가 원산지이고 원두는 보통 큰 편이고 갈색을 띤다. 신맛, 쓴맛이 고르고 조화된 동양의 대표적인 커피이다.

- 아라비아(Arabia) : 유럽인의 기호에 맞는 커피로, 가장 오랜 역사를 갖고 있다. 아라비아의 모카 커피는 남아라비아나 산악지대에서 재배된다.

에티오피아(Ethiopia)

아라비카종 커피나무의 원산지로, 아라타 지방에서 생산되는 커피는 아라타 모카라 불린다. 맛이 순수한 모카에 가깝고 신맛이 강하다.
- 에티오피아 모카(Ethiopia Mocha) : 세계 일류급의 커피로 단맛, 신맛, 짙은 맛을 내며 독특한 향기가 있다. 달콤한 모카 특유의 맛은 커피의 귀부인으로, 다른 종류의 커피와 배합을 해도 모카 고유의 맛이 살아 있다.

탄자니아(Tanzania)

20세기에 와서 커피를 재배하기 시작했으며, 킬리만자로로 유명하다(아라비카, 로부스타 2종이 있음).

05 커피나무의 성장
Caféie

꼭두서니과에 속하는 재배용 커피나무는 크게 두 종류로 나뉘어진다. 10여 가지 품종의 코페아 아라비카 린넨(Coffea arabica linné)과 로부스타를 포함한 몇 가지 품종의 코페아 카네포라 피에르(Coffea canephora Pierre)이다. 이 두 가지 품종은 일반적으로 아라비카와 로부스타로 구분된다.

원산지가 에티오피아인 코페아 아라비카는 윤기 나는 초록색 잎을 가진 소관목으로 10m 높이까지 자란다. 이 커피나무는 일 년에 두세 번 꽃이 피는데, 꽃은 피자마자 금방 져버린다. 장밋빛이 도는 하얀색의 아름다운 꽃에서는 자스민 향이 난다. 꽃이 피고 약 여덟 달 정도 지나면 체리와 비슷한 모양 (이런 이유로 전문가들은 커피열매를 '체리'라고 부른다)의 커피열매들을 볼 수 있다.

커피나무는 따뜻하고 습한 기후에서 잘 자란다. 즉, 열대성 기후로 강우량이 많아야 하는데, 이런 지역은 보통 우기와 건기가 뚜렷해 우기에는 커피가 자라는 데 적당한 비가 충분히 내리지만 건기에는 날씨가 따뜻한 반면 습도가 낮아 건조해지기 쉽다. 따라서 커피 재배는 고원, 특히 햇볕에 장시간 노출되지 않는 경사지가 좋다. 실제로 커피의 주생산지가 해발 1,500~2,000m의 고산지대임이 이를 뒷받침한다.

이와 달리 1,000m 내외의 저지대 평지에서는 직사광선에 노출되지 않도록 커피나무가 심어진 고랑마다 일정한 비율로 잎이 크고 넓은 바나나나무를 심는 혼합재배방식을 이용하기도 한다. 이는 커피나무의 성장을 방해하는 지나치게 강한 햇볕을 차단할 뿐만 아니라, 저지대의 차가운 공기와 서리를 방지하는 데에도 효과가 있다.

현재 커피가 생산되는 아시아(인도, 인도네시아, 아라비아, 파푸아뉴기니 등), 중남미(브라질, 콜롬비아, 베네수엘라, 멕시코, 자메이카 등), 아프리카 (에티오피아, 라이베리아, 탄자니아 등) 각 지역을 보면 공통적으로 열대 또는 아열대 기후이다. 이런 지역이야말로 커피 재배에 필요한 여러 가지 기후나 토양조건을 가장 잘 갖추고 있는 곳이다. 위도상으로 보면 북위 25도에서 남위 25도 사이의 지역이 이에 해당되는데, 이처럼 커피는 환경에 민감해 지도를 펴놓고 보면 재배지역이 일정한 띠를 형성하고 있다. 오늘날 흔히 '커피벨트(coffee belt)' 또는 '커피존(coffee zone)'이라 부르는 곳은 바로 이 지역이다.

상업적으로 재배되는 커피나무는 씨를 뿌려 묘목을 길러낸다. 모판을 만들어 씨를 뿌리면 2개월쯤 뒤에 싹이 나오며, 8개월쯤 지나면 흙을 담은 조그만 상자나 비닐봉지에 묘목을 옮기는데, 이같은 이종과정을 두 번 정도 거쳐 최종경작지인 커피농장에 심게 된다.

이식된 커피나무는 3년 내지 4년 정도 지나면 꽃을 피우고 열매를 맺는데, 상품화가 가능한 성숙된 열매를 수확하려면 5년 이상 자라야 한다. 봄에 핀 커피꽃은 바람이나 곤충에 의해 수정된 뒤 흑녹색의 열매를 맺으며, 9개월 정도 지나면 붉게 익어 수확할 수 있게 된다.

커피나무는 그냥 자라도록 내버려둘 경우 6~10m(종에 따라 다름)까지 자라지만, 알찬 열매를 수확하기 위해 대략 2m 크기로 전지한다. 5년이 지난 성숙된 커피나무는 그 후 20년 동안 수확이 가능하고, 한 그루당 2,000개 정도의 열매를 채취할 수 있는데, 이는 가공된 커피 500g에 해당되는 양이다.

고산지대의 비탈에서 재배되는 커피열매는 일일이 사람의 손으로 채취해야 한다. 반면 평지의 경우에는 트랙터와 같은 커피 수확기계가 고랑 사이를 지나며 나무를 흔들어 열매를 떨어내는데, 채 익지 않은 열매가 떨어지기도 해서 효율성은 있지만 품질은 낮아진다.

대표적으로 생산되는 곳은 콜롬비아이다. 콜롬비아 중서부 리사랄다의 주도(州都)인 페라이라(Pereira)와 북쪽의 마니잘레스(Manizales) 지역은 콜롬비아 내에서 가장 질 좋은 커피가 생산되는 곳으로 꼽힌다. 이 나라의 커피산업을 주도하는 커피산지인 이곳은 안데스고원의 온화한 기후, 연간 1,500mm 이상의 강우량, 화산재가 퇴적되어 형성된 비옥한 대지 등 그야말로 기후적 요소와 토양에 민감한 커피나무가 자라는 데 최적의 조건을 갖추고 있다. 커피는 재배지의 기후조건이 좋을수록 서서히 그리고 자연스럽게 익어감으로써 특유의 맛과 향이 더욱 진하고 풍부해진다. 오늘날 다양한 품종이 개량되었음에도 불구하고 커피원두의 맛이 어디에서 생산되느냐에 따라 달라지는 것도 이 때문이다.

06 커피묘목의 이식
Implanatation

커피의 중요한 이식 경로는, 커피를 채취하던 에티오피아의 원산지에서 12세기 무렵 커피를 최초로 재배하기 시작한 예멘까지의 홍해 해로였다. 예멘 당국은 '행복한 아라비아'의 산에서 재배되는 커피의 반출을 엄중하게 감시했다. 17세기까지 다른 지역으로 커피의 이식을 막기 위해서, 모든 원두들은 살짝 볶아서 수출되었다.

네덜란드는 모카에서 가져온 커피 묘목을 암스테르담의 식물원에 이식하여 40년 후인 1658년에 실론섬, 그리고 남인도에서 커피를 재배하게 되었다. 그리고 1696년에는 인도에서 바타비아(현재의 자카르타)로 커피 모목을 이식했는데, 이것은 인도네시아 최초의 네덜란드 커피농원이 되었다.

07 아라비카종
Arabica
고급커피를 대표하는 품종으로, 전 생산량의 3분의 2를 차지한다.
원두가 크고 향기가 풍부하며, 풍미가 좋은 고급커피의 대명사적 존재.

아라비카종(Coffee Arabia : Arabian Coffee) 커피는 에티오피아가 원산지이며, 해발 500~1,000m 정도의 고지대, 기온 15~25℃에서 잘 자란다. 병충해에 약한 반면에 미각적으로 우수하다. 성장속도는 느리지만 향미가 풍부하고 카페인 함유량이 적다. 생산국은 브라질, 콜롬비아, 멕시코, 과테말라, 에티오피아, 하와이, 인도 등이다.

상업적으로 재배되고 있는 커피는 원산지에 따라 에티오피아가 원산지인 아라비카(Arabica), 콩고가 원산지인 로부스타(Robusta), 리베리카가 원산지인 리베리카(Liberica)의 3대 품종으로 분류가 가능하다. 하지만 현재는 상업적 가치가 없는 리베리카는 거의 사멸되어, 아라비카를 마일드(Mild)와 브라질(Brazil)로 구분하여 로브스타와 함께 3대 원종으로 분류하고 있다.

커피는 꼭두서니과 커피속의 상록수로 이 속에는 약 80종류의 식물이 있다. 아라비카종, 로부스타종(카네포라종), 리베리카종이라는 3개의 원종에서 파생되었다. 향기가 좋은 커피의 대부분은 아라비카종 계열의 종자로, 현재 전세계 총생산량의 70% 이상을 차지하고 있다. 다른 품종에 비해 고품질이지만, 잎마름병에 약한 단점이 있다. 잎마름병에 강하고 강우량의 다량·소량에도 강한 로부스타종은 아시아에서 많이 재배되고 있다.

아라비카종(Coffee Arabica Linden)

08 로부스타종
Robusta

로부스타종(Coffee Robusta : Wild congo Coffee) 커피는 콩고가 원산지이며, 평지와 해발 600m 사이의 저지대에서 재배한다. 병충해에 강한 빠른 성장률의 정글 식물로, 자극적이고 거친 향을 낸다. 경제적인 이점으로 인스턴트 커피에 이용되며, 전세계 산출량의 30%를 점유하고 있다. 인도네시아, 우간다, 콩고, 가나, 필리핀 등이 생산국이다.

특징 \ 품종	아라비카종	로부스타종	리베리카종
생산량	세계 총생산량의 70% 이상	세계 총생산량의 30% 이하	아주 소량
수확까지의 연수	3~4년	3년	5년
나무의 높이	3~5m	10m	15m
원두의 형상	타원형	둥그스름한 짧은 타원형	끝이 뾰족한 마름모형
풍미	향미는 양호	신맛이 약하고 쓴맛이 강하다.	신맛이 강하다.
재배 적지	고지(800~1500m)	저지(~800)	평지와 저지
기온	15~24℃(저온·고온에 부적합)	24~30℃(저온에 부적합)	15~30℃(저온·고온에 강하다.)
연간 강우량	1500mm 전후(다량·소량에 부적합)	다량·소량에 강하고 잎마름병에 강하다.	다량·소량에 강하다.
주요 생산국	브라질, 콜롬비아, 자메이카, 에티오피아, 탄자니아, 하와이, 인도네시아 등	베트남, 인도네시아, 마다가스카르, 앙골라, 기니아, 가나, 우간다	리베리아, 수리남, 베트남

로부스타종(Coffee Robusta Linden)

비교적 키가 작은 아라비카종의 나무라도 방치해두면 5m나 되기 때문에 2~3m가 되도록 가지치기를 한다. 잎은 길이 10~15cm의 타원형으로 별모양의 향기 좋은 꽃을 피운다.

아라비카종과 로부스타종의 비교

구 분	아라비카종	로부스타종
향기/맛	좋은 향과 신맛	구수한 향과 적은 신맛
콩의 생김새	평형, 타원형	아라비카에 비해 둥근형
나무 높이	5~6m	5m 내외
그루당 수확량	비교적 많음	많음
재배 고도	500~2,000m	500m 이하
병충해 적응도	약하다	강하다
온도 적응도	저온, 고온에 약하다	고온에 강하다
우량 적응도	다우, 소우에 약하다	다우에 약하다
수확까지 연수	약 3년 이내	3년
생산량	전체의 약 70~80%	20~30%
종(species)이 기술된 연도	1753	1859
염색체 수	44	22
개화~열매 익는 기간	9개월	10~17개월
개화	비가 온 후	불규칙적
익은 열매	떨어짐	매달려 있음
수확량(핵타당 kg)	1,500~3,000	2,300~4,000
뿌리	깊다	얕다
최적 온도(연 평균)	15~24℃	24~30℃
최적 강수량	1,500~2,000mm	2,000~3,000mm
최적 재배 고도	1,000~2,000m	0~700m
카페인 함유량	0.8~1.4%	1.7~4.0%
바디	가벼운 느낌	무거운 느낌

커피열매

09 Coffee Cherry

커피열매는 빨갛게 물든 모양이 버찌를 닮았다고 하여 이렇게 부른다. 안에 있는 씨앗이 커피원두이다.

커피열매는 품종에 따라 다르고, 커피나무는 대체로 5~15m까지 자란다. 수확작업을 하기 쉽도록 농원에서는 2~3m로 나무를 잘라 크기를 조절한다.

커피열매

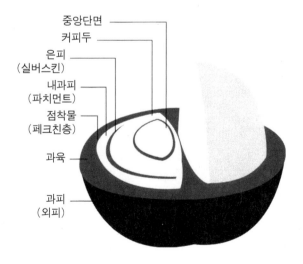

중앙단면
커피두
은피
(실버스킨)
내과피
(파치먼트)
점착물
(페크친층)
과육
과피
(외피)

커피열매의 단면도

생육과정은 묘목을 넓은 농원에 옮겨 심는 것부터 시작된다. 3년 정도 지나지 않으면 수확할 만큼 자라지 않는데, 수확의 피크는 5년 이후부터 10년 정도이다.

결실 전에는 하얗고 가련한 꽃을 피워, 자스민과 같이 달콤한 향기를 내며, 3~4일에 진다. 처음에 푸른색의 단단한 열매를 맺고, 서서히 노란색으로 바뀌며, 마지막에는 버찌처럼 새빨갛게 익어간다.

커피의 꽃은 잎이 붙어있는 곳에 뭉쳐서 피고, 며칠 사이에 진다.

처음에는 푸른색으로 단단한 열매가 서서히 노랗게 되었다가 새빨갛게 익는다.

커피의 빨간 열매의 구조는 겹겹이 되어 있고, 그 속에 있는 종자가 커피원두이다. 개화에서 과실의 숙성까지는 8~9개월 걸린다.

한 그루의 나무에 3~5kg의 과실이 열리는데, 아직도 많은 커피농원에서 정성스럽게 손으로 따고 있다. 커피의 원두가 되는 것은 열매 안에 있는 씨앗으로, 파치먼트 또는 양피라 불리우는 갈색의 내과피와 실버스킨이라 불리우는 부드러운 은피에 쌓여있다.

씨앗에는 편평한 2개의 원두가 나란히 들어있는 플랫빈과, 장방형의 원두가 하나만 들어있는 피베리가 있다.

10 피베리

보통 커피체리에는 2개의 씨앗이 들어있지만, 가끔 1개밖에 들어있지 않은 것이 있는데 이것을 피베리라 한다. 수확량이 적기 때문에 귀중하게 여기고 있지만, 맛은 보통의 커피원두와 거의 다르지 않다. 독특하게 둥근 형상을 하고 있다.

11 정제과정(세척식 · 비세척식)
Washed
커피열매에서 과피와 과육 등을 제거하고, 정제하는 방법의 하나.
브라질을 제외한 중남미와 동아프리카에서 행해지고 있다.

오랜 시간을 걸려 물들어가는 커피열매는 익고 나서 10일에서 2주일이라는 단기간에 수확하지 않으면 안 된다. 많은 산지에서 체리가 물들면 일제히 수확하고, 집하하고, 정제공장으로 옮기는 작업풍경의 장관을 볼 수 있다.

수확한 체리에서 과육과 과피, 은피를 제거하고, 커피원두로 만들어가는 일련의 과정을 정제작업이라 한다. 세척식과 비세척식의 2종류가 있으며, 세척식을 습식, 비세척식을 건식이라 부르는 경우도 있다. 현재는 세척식 정제과정이 대폭으로 기계화되고 있다.

수확에서 제품화까지의 과정(2~6까지를 '정제'라 한다)

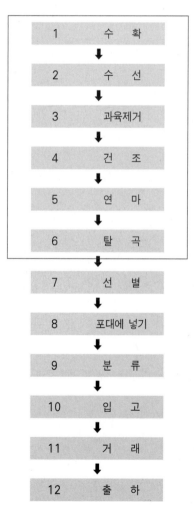

물세척에 의해 과육을 제거하는 공정은
기계화되어 있다.

물세척으로 막 정제된 씨앗(커피원두)

제거된 과육과 씨앗(커피원두)이 분리
된다.

정제된 커피원두는 수분을 제거하기 위
위해 바람에 말린다.

일반적으로 고급원두의 정제에는 세척식이 채택되고 있다. 세척식으로는
이물질의 혼입이 적고, 햇빛에 말려 건조하는 것처럼 수분을 빼앗기지 않기
때문에, 원두에 윤기가 나고, 팽팽함이 있다. 콜롬비아산의 세척식 정제원두
는 흐르는 물의 마찰로 원두의 껍질을 벗긴 후, 원두를 싸고 있는 점액질을
제거하기 위해, 저장조에서 반나절 발효시킴으로써 특유의 풍미가 생긴다.

세척식 방법을 채택하는 나라는 주로 멕시코, 콜롬비아, 온두라스, 과테말라 등의 중남미 제국과 동아프리카 제국, 하와이 등이다. 브라질은 전통적으로 비세척식을 사용하고 있다.

페네이라

12 포르투갈어로 '채'라는 의미. 브라질의 커피농원에서 커피원두를 채로 쳐서 이물질을 걸러내기 위해 사용하는 둥근 망을 말한다.

세계 최고의 커피 생산국인 브라질에서는 체리를 넓은 장소에 펼쳐 햇빛에 건조한 후에 원두를 골라낸다. 이 정제법을 세척식에 대해 비세척식 또는 건식이라 한다. 말린 과일과도 비슷한데, 커피를 햇빛에 건조시킴으로써 과육에 포함된 당분이 증가하고, 이 과정을 거침으로써 커피 특유의 깊은 맛이 생긴다.

이 독특한 정제법에서 빼어놓을 수 없는 전통적인 농기구가 페네이라이다. 직경 1m 정도의 둥근 망에 수확한 커피열매를 올려놓고 크게 채를 쳐 혼입물을 골라낸다. 기계화와 함께 최근에는 점점 볼 기회가 적어지고 있지만, 페네이라는 브라질의 커피산업 관계자들에게는 상징적인 전통적인 커피 농기구 수법이다.

브라질 커피의 발전에는 메이지 시대[1]에 시작된 일본계 이민자들의 끊임없는 노력이 있었다. 브라질에서는 1888년에 노예제도가 폐지되었다. 상파울로주의 커피농원 노동자들이 도시로 옮겨갔기 때문에, 커피산업은 노동력 부족에 빠졌다.

---

1) 1868년 10월 23일부터 1912년 7월 30일까지 메이지유신으로, 일본은 근대적 통일국가가 되어 자본주의가 들어오고 사회문화적으로 입헌정치가 시작됨. 아시아 여러 나라에 대해서는 강압적, 침략적 태도로 1894년 청일전쟁, 1904년 러일전쟁과 무력 한국 침탈을 거행함.

커피 재배는 유럽에서의 이민자들이 처음부터 하고 있었지만, 가혹한 노동과 더불어 제1차 세계대전이 일어나자, 유럽 각국이 브라질로의 이민을 정지시켰다. 노동력을 일본에 요구했기 때문에, 커피 재배의 담당자가 되어야 했고, 많은 일본인들이 브라질로 떠났다. 1908년 처음 도착한 곳은 지금도 브라질 최대의 커피 선적항인 '산토스'였다.

13 산토스
Santos

브라질 남동부의 항만도시로 상파울로의 외항으로 발전했다. 커피 선적항으로 유명하며, 고품질 커피의 이름으로도 올라가 있다.

14 크롭

Crop

특정 계절과 지역의 '수확', 혹은 농산물을 의미하며, 커피의 경우 숙성 연도에 따라 4가지로 구분된다.

'올해의 크롭은 작년보다 좋다'라고 하는 커피의 프로들이 말하는 것에서 나타나 있듯이, '수확'이나 '출고량'을 가리키는 경우와, 커피원두를 가리키는 경우의 단어이다.

대표적인 사용 례로, 수확년도에 따라 4가지로 구분해 부른다. 그 해에 수확하여 수개월 이내의 생원두를 뉴 크롭, 수개월에서 10개월을 숙성시킨 것을 커런트 크롭, 1년에서 2년 정도를 숙성시킨 것을 패스트 크롭, 3년 정도 숙성시킨 것을 올드 크롭이라 부른다. 4가지의 크롭은 연도에 따라 색과 광택, 수분함량과 맛이 다르다.

오랜 세월을 걸려 만들어진 올드 크롭의 깊은 맛은, 커피 애호가들을 매료시키지만, 최근 뉴 크롭도 맛과 향이 분명해서 더 맛있다고 하는 생각이 대세를 차지하고 있다.

숙성에 알맞는 양질의 원두커피를 들여와, 일정한 조건하에서 대량으로 숙성시키기 위한 설비가 필요하기 때문에, 올드 크롭은 시장에서 거의 찾아볼 수 없다. 생원두의 신선함이 없어진 올드 크롭은 강한 불로 시간을 들여 볶고, 플란넬 드립으로 천천히 추출하는 데 적합하다.

15 올드 크롭

3년 정도 숙성시킨 올드 크롭 커피는 에이지드 커피라고도 한다. 파치먼트가 붙어있는 채로 숙성시키는 경우도 있다.

커피에 관한 정보는 포대에 기록되어 있다.

16 커피의 색과 광택, 수분함량

신선하고 품질이 좋은 커피는 녹색의 색과 광택이 있다. 수분함량은 색과
관계가 깊다. 세척식의 원두는 12~13%, 비세척식의 원두는 11~12%가
선명한 녹색을 띤다. 숙성에 따라 색과 광택, 수분함량이 떨어지지만, 온화한
풍미는 생긴다.

17 커피향

커피의 전체적 향은 부케(Bouquet)라고 부르며, 프레이그런스(Fragrance), 아로마(Aroma), 노즈(Nose), 애프터테이스트(Aftertaste)의 네 부분으로 구성된다.

각각의 부분에서 느껴지는 향은 분명한 차이가 있으나, 한 잔의 커피 향은 다음 중 하나에 의해서만 구성되는 것이 아니고 네 부분이 조화를 이루면서 만들어지는 것이다. 커피를 마실 때마다 각각을 평가하는 것은 무리가 있고, 꼭 그래야 할 필요도 없는 일이지만, 다음과 같은 내용을 숙지하고 있다면 커피의 향을 이해하는데 도움이 된다.

프레이그런스(Fragrance ; 볶은커피 향)

원두를 갈면 커피의 조직이 분쇄되면서 열이 발생한다. 이 때 커피 조직 내에 있던 탄산가스가 방출되면서 향 성분을(상온에서 기체 상태) 함께 방출한다. Sweetly(달콤한 꽃향기), Spicy(달콤한 향신료의 톡 쏘는 향) 등을 느낄 수 있다.

아로마(Aroma ; 추출커피 향)

분쇄 커피가 뜨거운 물과 접촉하면 분쇄 커피가 가지고 있는 향 성분의 75%가 날아가 버린다. 뜨거운 물의 열이 커피 입자 안에 있는 유기 화합물의 일부를 기화시키면서 다양한 향이 만들어지는데, Fruity(과실 향), Herby(허브 향), Nutty(너트 향) 등이 그것이다.

노즈(Nose ; 마시면서 느끼는 향)

커피를 마시면 커피 액체가 입 안에 있는 공기와 만나 액체 중 일부가 기화된다. 이 과정에서는 맛을 감지할 수 있을 뿐만 아니라 코에서도 향을 느낄 수 있게 되는데, Caramelly(캐러멜 향), Nutty(볶은 견과류 향), Malty(볶은 곡류 향) 등 다양하며, 원두의 로스팅된 정도에 따라서도 변화된다.

애프터테이스트(Aftertaste ; 입 안에 남는 향)

커피를 마시고 난 후에 입 안에서 느껴지는 향으로, 씨앗이나 향신료에서 나는 톡 쏘는 향 등이다. 강하게 로스팅된 커피에서는 Carbony(탄 냄새), Chocolate-type(초콜릿 향) 등을 느낄 수 있다.

18 여러 가지 커피의 맛

커피에서 느낄 수 있는 기본적인 맛은 단맛, 짠맛, 신맛, 쓴맛이다. 기본맛 중 짠맛이 포함되어 있어 의외라고 느낄 수 있겠으나, 원두 내의 산화 무기물, 산화 칼륨, 산화 인, 산화 마그네슘 등에 기인하여 느껴지는 맛이다. 이 네 가지 맛을 기본으로 생성되는 커피의 1차적인 맛들은 다음과 같다.

커피의 맛

맛의 분류	내 용
Acidy(상큼한 맛)	오렌지를 먹었을 때 느껴지는 상큼함과 같은 느낌이다. 단맛과 신맛이 동시에 나타나지만, 단맛이 더 강하게 느껴진다.
Mellow(달콤한 맛)	커피를 마시고 난 후 느껴지는 달콤함이다. 단, 설탕을 먹었을 때 느껴지는 단맛을 기대하기는 어렵다.
Winey(와인의 맛)	와인을 마셨을 때 느껴지는 신맛과 달콤함으로 비유될 수 있다.

맛의 분류	내 용
Bland(밋밋한 맛)	특징적인 맛을 느낄 수 없는 상태다. 커피 내의 당분이 무기질 성분과 결합하여 무기질의 맛(짠맛)을 중화시키기 때문에 나타난다.
Sharp(자극적인 맛)	톡 쏘는 듯한 맛으로 신맛과 강한 짠맛에 기인하여 생성된다.
Soury(시큼한 맛)	신맛과 떫은 맛이 동시에 느껴진다(발효된 식초를 먹었을 때의 느낌을 상상해 보라).

19 내과피(파치먼트)

양피지(parchment)의 이름을 따서, 원두를 싸고 있는 내과피를 이렇게 부른다. 붙어있는 채로 건조시킨 원두를 '파치먼트 커피'라 한다. 쌀에 비유하면 '현미'와 같은 것으로, 바로 탈곡한 것은 특히 향기가 좋다.

20 스크린 넘버
Screen Number
커피원두의 크기에 따른 선별, 표시방법.
브라질산 커피의 등급표시 방법의 하나이기도 하다.

커피원두는 감정사의 각종 테스트에 의해, 품질·등급·풍미 등이 검사되어 선별된다. 결과는 등급구분이 되며, 가격결정에 영향을 미치게 되고, 세계의 커피시장을 좌우한다. 대표적인 감정방법을 소개하기로 한다.

커피원두는 농산물이기 때문에 기후와 환경의 영향을 받아서 정제과정에서 결함이 있는 원두가 생긴다. 먼저 결함원두를 골라내고, 색과 광택, 크기를 체크하며, 이어서 테스트 볶기를 하여 다른 냄새가 나는 원두를 제거한다. 감

정사는 이외에도 수분함량(건조도) 등을 외견상으로 체크하고 나서 미각검사
(컵테스트)로 넘어간다.

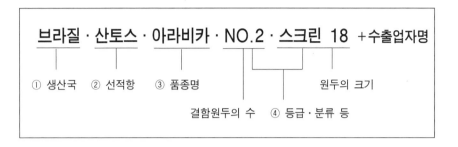

브라질 · 산토스 · 아라비카 · NO.2 · 스크린 18 +수출업자명

① 생산국　② 선적항　③ 품종명

결함원두의 수　④ 등급 · 분류 등

원두의 크기

스크린 넘버 : 원두의 크기

(브라질 · 콜롬비아 · 탄자니아)

등급	크기	비고
12~13	특소	
14	소	
15	중	
16	보통	
17	준대	
18	대	※ 사실상의 최고급
19~20	특대	※ 극히 희귀

21 결함원두

　결함원두란 땅에 떨어져 검게 변한 흑두나 썩은 원두와 빈약하여 광택과
볼륨이 결여된 미숙원두, 벌레먹은 원두, 정제나 수송과정에서 깨지거나 눌

린 파열원두와 눌린 원두 등을 들 수 있다.

결함원두의 예

정제한 다음 원두에서 결함원두를 골라낸다.

22 컵테스트

컵테스트는 샘플 원두 100g을 중간볶기, 중간갈기를 하여 10g씩 계량해 둔다. 원형 회전식 테이블에 유리컵을 늘어놓아, 10g씩의 가루를 넣고 100cc의 뜨거운 물을 따른다. 하나의 원두당 3회 정도 테스트한다.

〈커피 컵테스트〉

- 먼저 5온스(141g)를 미디움(agtron 55)으로 로스팅한다.(로스팅 정도를 각각 다르게 해보는 테스트도 한다.)
- 적어도 샘플용 4개의 컵을 준비하고 각각의 컵에 다르게 그라인딩한다(분쇄 정도에 따른 감별을 한다). 정확한 용량을 잊지 말 것.
- 각각 냄새를 맡고 흠이 있는지 살펴본 다음, 화씨 200도(93~94℃)의 물을 넣고 적어도 3분 동안 담가둔다.
- 향을 맡아보고, 스푼으로 3번 저어준다.
- 각각의 컵을 뜨거울 때부터 식을 때까지 3번 맛을 본다. 스푼에 입을 갖다 대고 혹 빨아들인다. 커피가 입안 구석구석 골고루 퍼지게 한다. 이때 모든 선입견과 고정관념을 버리고 각각의 특징들을 평가한다.
- 커핑[2]은 하루 중 배가 고파질 때, 오전 10시~12시, 오후 4시~6시 사이에 하는 것이 좋다.

---

2) 커핑 : 커피의 맛을 감별하는 것으로 컵테스트(Cut Test) 또는 커핑(Cupping)이라 한다.

컵테스트에 의한 커피원두의 구분(브라질)

번호	종류	특 징
1	스트릭트리 소프트	자극과 잡미가 전혀 없으며, 완전한 소프트 타입의 커피
2	소프트	잡미와 잡냄새가 없는 부드러운 맛
3	소프티시	소프트에 가까운 맛
4	하드	혀에 남는 맛, 떫음이 있다.
5	리오이(리아드)	요오드포름에 가까운 냄새가 있다.
6	리오	약품냄새가 있다.

커피의 결함점수 결정방법(300g 안의 혼입수에 의함)

혼입물	혼입갯수	결함점수
돌·나뭇조각·흙(대)	1	5점
돌·나뭇조각·흙(중)	1	2점
돌·나뭇조각·흙(소)	1	1점
흑두	1	1점
건과	1	1점
파치먼트	2	1점
발효원두	2	1점
벌레먹은 원두	2~5	1점
미숙두	5	1점
파열두	5	1점

커피원두의 품질표시와 결함점수

품질표시	결함점수
No.2	4점
No.3	12점
No.4	26점
No.5	46점
No.6	86점
No.7	120점~
No.8	280~360점

브라질에서의 감정작업

스크린 넘버와 결함점수 외에 커피원두의 등급을 나타내는 표시로써 산지의 표고에 의한 것이 있다. 멕시코, 온두라스, 과테말라 등 중미의 국가들에서는 표고 150m 단위로 원두의 등급을 구분한다.

등급	표시(약어)	표고(m)
1	스트릭트리 하드 빈(SHB)	1350~
2	하드 빈(HB)	1200~1350
3	세미 하드 빈(SHB)	1050~1200
4	엑스트라 프라임 워시드(EPW)	900~1050
5	프라임 워시드(PW)	750~900
6	엑스트라 굿 워시드(EGW)	600~750
7	굿 워시드(GW)	~600

23 선적항

커피원두의 상표로서 생산국과 지역의 이름과 함께 선적항이 표시되어 브랜드화하는 경우가 있다. 브라질·산토스, 에티오피아·모카 등이 대표적인 예이다.

24 더블에이
AA

아프리카와 뉴기니아산 커피의 등급 표기의 하나.
주로 원두의 크기, 결함원두의 혼입률에 의한 좋은 원두를 나타낸다.

탄자니아, 케냐 등의 아프리카산 원두의 등급은 AA, A, B로 표시된다. 같은 표기는 뉴기니아산의 원두에서도 볼 수 있는데, 재배를 시작하기 전 1930년대에 케냐와 탄자니아에서 커피의 종자가 들어온 영향이 크다.

등급의 주요 포인트는 스크린 넘버로 표시되는 원두의 크기, 결함원두의 혼입률이며, 원두의 질량이 추가되는 경우도 있다.

최고급 등급인 AA는 원두의 크기, 결함원두의 혼입률 모두 최고로 뛰어나지만, 수출하는 것들 중에는 기준에 미치지 못하는 경우도 있다. 그밖에 결함원두의 제거방법에 따라 등급이 매겨지는 페루의 방식이 있다. 기계로의 선별을 몇 번 했는지, 전자선별기로 했는지, 전자선별기로 하고 수작업으로도 선별을 했는지 등의 등급이다.

탄자니아 AA의 내용

스크린 18(18 이하의 것은 14% 이내)
깨진 원두, 터진 원두는 2% 이내
썩은 원두는 제로
색은 녹색으로 약간 청녹색

케냐 원두의 등급

등급	특 징
PEABERRY	씨가 1개인 채로 자란 것
AA	스크린 17~18
AB	스크린 15~16
C	스크린 15 이하
TT	AA, AB의 원두에서 풍력으로 구분된 가벼운 원두

고급품으로 전자선별기에 수작업을 추가한 찬찬마요(Chanchanmayo)가 잘 알려져 있다. 또한 하와이산의 원두는 결함원두율로 등급이 매겨지며, 고급품은 팬시(Fancy), 엑스트라 팬시(Extra Fancy)로 표시된다.

수확된 후 자연건조된 커피의 과실은 드라이 체리라 부른다.

탄자니아에서는 수작업으로 결함원두를 제거한다.

킬리만자로 AA의 생두. 크고 통통하다.

킬리만자로 AA는 탄자니아의 북부 킬리만자로 화산지대인 모시(Moshi) 지역의 유명한 커피이다. '영국왕실의 커피'라는 칭호를 받는 탄자니아의 스페셜티 커피(Specialty Coffee)이다. 탄자니아 AA라고도 한다.

로스트(볶기)

Roast

생원두를 가열하여 볶는 것.
로스트에 의해 커피 특유의 방향(아로마)이 생긴다.

정제된 커피의 원두는 '그린빈즈'라 불리며, 이 상태에서는 커피의 향과 맛은 전혀 느낄 수 없다. 볶기에 의해 원두 속에 잠자고 있는 맛을 잠깨우는 것이다. 커피의 풍미 차이는 상품명보다도 볶기 정도와 깊은 관계가 있다는 전문가도 있을 정도로 원두의 로스트 과정은 커피맛을 좌우한다.

가열

생원두(그린빈즈)   볶은 원두

올바로 정제된 커피원두는 변질되지 않고 수년 동안 보존이 가능하다. 하지만 음료로 만들기 위해서는 로스팅(Roasting)이라고 하는 배전과정을 거쳐야 한다. 커피 고유의 향은 바로 이 고온의 볶는 과정을 거친 후에 비로소 나타나게 된다. 즉, 커피원두에 220~230℃의 열을 가함으로써 원두의 조직에 물리적·화학적 변화를 일으켜 커피의 맛과 향을 만들어낸다.

배전방법은 커피원두가 들어 있는 금속 실린더 안에 뜨거운 공기를 불어넣거나 가스 전기를 이용한 열원 위에서 커피가 담긴 실린더를 돌리는 두 가지 방법이 있다. 배전과정에서 나타나는 큰 변화는 원두 자체에 함유되어 있는 증기나 이산화탄소, 기타 휘발성 물질이 배출된다. 따라서 원두의 무게는 14~23% 정도 감소하지만 원두세포 속의 압력이 높아져 부피는 50% 가량

커지게 된다. 이같은 변화는 200℃ 이상의 고온에서 일어난다.

볶기 정도는 대체로, 살짝볶기, 중간볶기, 오래볶기의 3단계가 있다. 같은 오래볶기라도 처음과 끝은 맛에 상당한 차이가 있다. 그래서 3단계에 각각 상하의 구별을 지어 6단계로 하면, 미묘한 맛의 차이를 만들 수 있다. 볶기에 있어서, 초기에는 향기가 충분히 나지 않기 때문에, 이를 제외하고 5단계로 구분하는 경우도 있다.

최근에는 더욱 미세한 단계를 만들어 8단계로 구분하는 방법(미국방식)이 정착되고 있다. 실제로 생원두의 볶기 응용에서는, 살짝볶기의 초기 2단계는 이용가치가 낮고, 가장 깊은 이탈리안도 프렌치로 집약되는 경우가 많아, 실질적으로는 5단계라는 설이 강하다.

커피를 볶는 작업은 단계적인 것이라기보다, 연속적인 것이기 때문에 가열 시간만으로 볶는 정도를 정하기는 어렵다.

19세기 프라이팬 형의 직화식 볶기 기구

둥근형의 직화식 볶기 기구

실린더형의 직화식 볶기 기구

● 살짝 볶으면 신맛, 오래 볶으면 쓴맛이 강해진다.

커피의 맛을 결정하는 주요한 요소는 쓴맛과 신맛이다. 보통 살짝볶기의
단계에서 신맛이 강하게 나오고, 오래 볶음에 따라 쓴맛이 강해진다.

Ph의 변화를 조사해보면, 생원두일 때는 Ph6으로 약산성이지만, 볶기에
따라 급격하게 저하된다(산성으로 기운다). 미디엄 로스트 직전에 Ph5가 되
고 다시 Ph5.7~5.8로 되돌아온다. 더불어 산미성분인 유리산도 미디엄까
지는 증가하고 그 후 감소한다. 쓴맛이 나는 원인은 카페인 및 열에 의해 단
백질이 분해되기 때문이다.

커피원두의 질을 감정할 때 사용되는 테스트 로스트 기기

커피원두의 볶기는 손잡이 있는 냄비로 볶기도 한다.

커피의 볶기 정도(로스트 글레이드)

볶음 정도			시간	특 징
살짝볶기	라이트		약10분	• 희미하게 볶아진 색 • 향은 불충분
	시나몬		12분 30초	• 전체가 갈색 • 약간씩 향이 나옴
중간볶기	미디엄		15분	• 차갈색으로 변화 • 아메리칸 커피의 가벼운 맛
	하이		16분 정도	• 찻집이나 가정에서 많이 이용
	시티		17분 정도	• 선명한 커피색 • 깊이 있는 중간볶기를 좋아하는 사람이 선호
오래볶기	풀시티		18분	• 중간볶기라고도 함 • 아이스커피 등에 사용
	프렌치		19분	• 카페오레 등의 유럽커피에 알맞음
	이탈리안		21~22분	• 표면에 유막이 생김 • 에스프레소에 이용

• 나라별 로스팅 특성

유럽계

커피를 처음으로 음용하였던 이슬람 문화권에서는 커피를 아주 가늘게 분쇄하여 끓여서 진하게 마셨다. 진한 커피의 전통은 유럽으로 계승되었는데 그것이 가압식으로 추출하는 에스프레소로 발전한다.

초창기의 에스프레소 머신은 지금보다 훨씬 떨어져서 커피를 강하게 볶지 않으면 커피의 성분을 충분히 추출하지 못했다. 그래서 커피를 강하게 볶아 에스프레소식으로 추출했던 것인데, 이 습관이 아직까지 남아 있어서 프렌치나 이탈리안 로스팅은 굉장히 강하게 볶은 것을 뜻하는 말로 사용되고 있다.

요즈음은 추출 기술의 발전과 특히 그라인더의 성능이 개선되어 굳이 강하게 볶지 않아도 진한 커피를 추출할 수 있고, 에스프레소 자체의 커피를 즐기는 경향이 강하여 쓴맛만이 강조되는 강한 볶음보다는 중간배전 정도로 볶는다.

미국계

미국은 원래 영국 식민지로 홍차를 즐겼다. 하지만 영국이 차에 많은 관세를 물려 식민지인 미국에 많은 부담을 주자, 미국인들이 보스턴 앞바다에 정박해 있던 홍차를 실은 배를 습격하는 사건이 일어난다. 보스턴차사건 이후 영국에서 독립하면서 홍차대신 커피를 선택하였는데, 유럽식의 진한 커피가 아닌 홍차처럼 연한 커피를 즐기게 되었다.

연한 커피로 즐기려면 역시 약하게 볶아서 추출하는데, 뉴욕에서 볶았던 스타일의 로스팅을 시티라 부르고 그 정도의 볶음은 아주 연한 볶음 상태를 뜻한다. 최근에는 물, 우유, 생크림, 시럽 등을 첨가하는 베리에이션 커피가 발달하여 오히려 미국계 커피회사들은 과거의 연한 로스팅보다는 다른 부재료와 섞여도 커피맛이 나도록 강하게 로스팅하는 경향이 강하다.

• 배전으로 결정되는 커피의 맛과 향

원두를 이용해서 우리가 마시는 음료를 만들려면 세 가지 공정 즉, 배전(Roasting), 분쇄(Grinding), 추출(Brewing)을 거쳐야만 한다. 배전은 커피의 고유한 향미가 생성되는 유일한 공정으로 매우 중요하다.

커피의 맛과 향을 결정하는 배전

볶지 않은 상태인 녹색의 커피원두는 아주 약한 비릿한 풀냄새와 유사한 향을 가지고 있을 뿐이다. 전형적인 커피의 향은 이러한 원두를 볶는 과정에서 비로소 생성되는데, 약 800 종류에 달하는 화학물질이 생성되는 것으로 알려져 있다. 이렇게 많은 종류의 화학물질은 한꺼번에 동시에 생성되는 것이 아니라 배전 초기에 생겼다 사라지기도 하고 아주 강하게 볶았을 때만 생성되는 등, 배전이 진행되는 동안 화학 변화가 계속해서 진행되기 때문에 배전 정도에 따라 커피의 맛과 향이 달라지게 된다.

복잡안 배전의 세계

배전을 하면 원두는 뜨거운 표면에 닿거나 뜨거운 가스에 접촉함으로써 외부에서 가해진 열을 흡수하여 품온이 올라가 복잡한 물리적, 화학적 변화를 거친다.

배전기에 대한 오랜 연구가 있었음에도 불구하고 커피시장이 매우 크고 배전이 상당히 복잡하기 때문에, 현재도 꾸준히 배전기에 대한 연구가 진행되고 있으며 많은 특허가 출원되고 있다.

배전에 따른 원두의 변화

배전은 시간과 온도에 의존하는 공정(time-temperature-dependent process)이며 배전에 의해 커피 원두는 물리적, 화학적 변화가 일어난다. 수분이 증발되고, 이산화탄소가 생성되며, 여러 휘발성 향기 성분 등이 생성됨과 동시에 일부 손실도 일어난다. 또한 부피가 증가하고 밀도는 감소하며 조직이 다공성으로 바뀐다. 배전의 정도에 따라 비례적으로 감소하는 커피의 성분으로는 트리고넬린(trigonelline), 클로로겐산(chlorogenic acid)이 있는데 이들의 함량을 측정하여 배전정도를 파악하기도 한다.

배전은 열전달 현상에 의한 것으로 결국은 전도(conduction), 대류(convection), 복사(radiation)에 의해 공급된 열이 커피 원두를 가열하여 일어나는 것이다.

흡열반응과 발열반응

배전을 시작하면 초기에는 흡열반응이 일어나 원두 자체의 품온이 서서히 올라가고 수분의 증발이 일어난다. 원두의 품온이 160℃ 정도에 도달하면 원두는 스스로 타기 시작하고 열을 방출하는 발열반응으로 바뀌어 온도는 급속히 증가하여 210℃에서 절정에 이른다. 향기성분의 생성은 이러한 발열반응이 진행되는 동안 본격적으로 이루어진다.

원두의 배전과 물리화학적 변화

커피 원두는 볶는 동안 일어나는 대표적인 물리화학적 변화를 원두 품온의 상승과 연결지어 보면 다음과 같다.

배전기에 투입된 원두는 배전기에서 열을 공급받아 100℃까지는 자신의 품온과 함께 휘발성을 높인다. 100℃부터는 원두 내에 포함된 수분의 증발이 시작되고, 130℃에서 원두의 색이 노랗게 변하기 시작하고 부피의 증가가 수반된다. 140℃ 부근에서는 탄수화물, 단백질, 지방의 분해가 일어나기 시작하고 일산화탄소, 이산화탄소 등이 방출되기 시작한다. 150℃에 이르면 popping이 일어나기 시작하며, 원두 중앙의 홈(Center cut)이 약간 벌어지기 시작한다. 160℃에 이르면 원두는 스스로 열을 방출하며 타기 시작하는데 이때 원두는 갈색으로 변하기 시작하며, 1차 Popping과 함께 여러 화학반응에 의해 커피 본연의 향기성분이 비로소 생성되기 시작한다. 190℃에 달하면 2차 popping에 의해 원두 표면에 아주 작은 균열이 생기기 시작하고, 이곳을 통해 다소 푸른 빛을 띠는 연기가 방출된다. 200℃에서는 짙은 갈색으로 탄화가 시작된다. 210℃ 부근에서 모든 반응은 절정에 이른다.

과거에는 원두 표면의 색을 육안으로 관찰하며 배전 정도를 조절하였으나, 요즈음은 과학 발달에 힘입어 전자시스템으로 원두 표면의 온도를 읽어 배전 정도를 조절하는 것도 가능하다. 일반적으로는 원두의 외관과 popping이 되는 소리를 관찰함과 동시에 배전기 내의 온도를 측정하여 최종 단계를 결정한다.

배전의 마무리는 신속하게

원하는 정도의 배전이 되었을 때는 반응을 신속히 종결시켜야 원하는 품질을 얻을 수 있는데, 이를 위해서는 원두의 품온을 순간적으로 떨어뜨려 더 이상 볶이지 않도록 해야 한다. 이때 주로 이용되는 것은 물을 뿌리는 방법이다.

Water quenching이라고 부르는 이 방법은 최종적으로 얻는 원두의 수분을 약 1~2% 이하로 상승시키는 정도의 물을 뿌리는 것이 좋다. 이때 주의할 점은 모든 물이 증발될 수 있게 물의 양을 맞춰야 한다는 것과 골고루 뿌려야 한다는 것이다.

　어느것 하나라도 잘못되면 향기 성분의 손실을 초래한다. 보통 배전된 원두의 수분함량은 2% 내외이므로 물을 뿌려 식힌 경우 4% 미만의 수분함량을 갖게 된다. 물을 뿌리고 나면 곧바로 찬 공기를 강제로 불어넣어 최종적으로 냉각을 하는데, 이러한 과정은 주로 Cooling car라고 하는 곳에서 이루어진다. 소형 배전기의 경우는 물을 뿌리는 과정이 생략되기도 한다. 원두의 품온을 신속히 떨어뜨리는 것은 향미의 보존에도 커다란 영향을 미친다.

시간에 따른 세 가지 배전 방식

　배전방식은 배전에 걸리는 시간에 따라 다음과 같이 세 가지로 구분하기도 한다.

① Long time roasting : 회전형 드럼 배전기를 사용하는 전형적인 배전방식이 주로 여기에 속하는데, 약 12~15분의 시간이 소요된다.
② Short time roasting : 주로 고속의 열풍에 의한 가열방식이 해당되는데, 2~4분 정도만에 배전이 완료된다.
③ Intermediate time roasting : 기계적으로 원두를 섞어주며 저속의 열풍으로 배전하는 형태로, 커피의 향미는 ①과 ②의 중간적이다. 보통 5~8분 정도가 배전에 소요된다.

커피의 볶기(로스팅)

명칭	원두	볶음	색깔	비고	스타일
라이트 로스트		아주 엷게 볶음	황갈색	마셨을 때 향기가 부족	아메리칸 커피
시나몬 로스트		엷게 볶음	계피색		
미디엄 로스트		보통 볶음	밤색		
하이 로스트		미디엄로스트 보다 좀더 볶음	진밤색	일본 표준 볶음	일본 전형적인 스타일
시티 로스트		중간 볶음	진밤색		
풀시티 로스트		좀 강하게 볶음	흑자색	냉커피 적당	
프렌치 로스트		강하게 볶음	진 흑자색	지방이 표면에 스며 나옴	유럽 스타일의 커피
이탈리안 로스트		원두가 탄화할 정도로 볶음	까만색에 가까움	커피 특유 향 없음 에스프레소용	

26 커피의 산패 및 보관

● 커피의 산패

커피의 산패과정은 대개 3단계로 구분된다.

첫번째 단계는 소위 증발(Evaporation) 단계로, 로스팅된 커피의 휘발성분이 탄산가스와 함께 증발되는 단계다.

두번째 단계는 로스팅된 커피 내부의 여러 가지 휘발성분들끼리 서로 반응하면서 원래의 향미를 잃어가고 유쾌하지 못한 냄새가 발생되기 시작하는 단계다.

세번째 단계는 본격적인 산화과정으로서, 산소와 결합된 커피 내부성분이 변질되어 마침내 부패되어가는 과정이다.

이러한 커피의 산패과정은 볶는 시간이 지남에 따라 고소한 맛을 잃어가면서 맛과 냄새가 불쾌하게 변질되어가는 것을 생각하면 쉽게 이해될 수 있다. 커피의 산패과정은 생산, 유통, 소비의 전단계에 걸쳐 진행된다. 사실 커피산패의 문제는 생산보다는 유통과 소비단계에서 더욱 심각하게 발생된다. 제조자가 아무리 신선한 커피를 출하시킨다해도 그 커피가 유통단계에서 두 세달씩 지체되는 경우가 너무나 많다. 더욱이 소비자의 소비기간도 한 달은 보통이다.

커피산패의 주요원인으로는 공기(산소), 수분, 온도이며 이러한 원인에 따른 부수적 요소로는 로스팅의 강약정도, 커피 원두의 분쇄시점과 분쇄입도, 개봉 후의 보관상태 등을 들 수 있다.

커피의 산패는 산소와 커피가 접촉하면서 발생되는 것이다. 누구나 다 알고 있듯이 공기와 수분에는 다량의 산소가 포함되어 있다. 이러한 공기와 수분이 커피와 접촉하게 되면 커피가 산패되어 가는 것이다. 여기서 수분이란 대기중의 습기를 의미한다.

그래서 막 로스팅이 끝난 뜨거운 커피원두를 샤워쿨링(물분사 냉각)하는 경우에는 당연히 산패가 빨리 진행되는 것이다. 로스팅된 커피 원두는 마치 팝콘처럼 미세한 구멍이 수없이 뚫려 있는 건조한 다공질조직으로, 스폰지가 물을 빨아들이듯 공기와 수분을 쉽게 흡수한다.

• 커피 보관

여기서는 커피 맛에 나쁜 영향을 주는 자연조건을 생각해보고 그에 따른 최적의 커피 보관상태를 살펴보자.

생두의 보관

커피 생두는 일반 농산물을 보관하듯이 보관하는 것이 좋다. 우선 강한 햇빛에 노출되어 있는 것은 좋지 않고 고온다습한 환경은 꼭 피한다. 생두 상태로 커피를 보관할 때는 여름 장마철 같이 고온 다습한 곳은 피하고 너무 건조한 곳도 좋지 않다.

커피 맛에 영향을 주는 환경

① 공기 : 공기중의 산소는 원두의 산화를 촉진시키는 필수 조건이다.
② 온도 : 볶은 커피는 보관온도가 높으면 산화 속도가 더욱 촉진되어 향미가 떨어진다. 그러므로 커피는 낮은 온도로 보관하는 것이 유리하다.
③ 햇빛 : 햇빛의 자외선은 산화반응을 촉진시킨다.
④ 습도 : 커피를 볶으면 무게는 줄어들고 부피는 늘어난다. 즉, 속이 스펀지처럼 된다. 따라서 주위의 습기를 잘 흡수하여 신선도를 떨어뜨리는 동시에 나쁜 냄새까지도 흡수하므로 냉장고 같이 습기가 많은 곳은 피한다.

커피 보관의 예

① 냉동 보관 : 원두를 냉동 보관하면 햇빛, 온도로부터 커피를 지킬 수 있지만, 습기는 산소를 차단할 수 없다.

② One-way 밸브 : 원두는 가만히 있는 것이 아니라 계속 산화반응이 일어나서 가스가 나온다. 이 때 원웨이밸브는 속의 가스는 밖으로 배출시키나, 바깥의 공기는 안으로 못 들어가게 하는 장치다.

③ 진공포장 : 진공포장 방식은 공기를 제거하여 산화의 요인을 제거하지만 온도 측면에서는 불리하다. 진공포장으로 오래 보관된 커피봉투가 부풀어오른 것은 산화가 일어나서 속의 가스가 배출되지 못하고 부풀어오른 것이다.

④ 진공포장 후 냉동보관 : 이 방법이 커피의 신선도를 유지하기 위한 최적의 방법이라 할 수 있다. 제일 좋은 방법은 원두상태의 커피를 1인분씩 계량하여 습기에 강한 재질로 진공포장 후 냉동실에 보관하고, 먹기 약 30분 전에 꺼내어 실온에 맞추어 결로현상이 포장재에만 생기게 한 후, 그 습기를 제거하고 개봉한다.

⑤ 커피를 가장 잘 보관하는 법
  - 가까운 커피 볶는 집에 가서 최소분량을 구입한다.(보통 100g~200g 정도로 판매)
  - 커피 볶는 집에서 커피를 구입할 때 제일 신선한 즉, 최근에 볶은 것을 구입한다.
  - 매일 1~2잔 이상 즐겨라. 100g~200g의 커피를 20~30일 안에 소비한다.

커피의 유통기안

커피는 비록 유통기한이 지났거나, 혹은 유통기한 이전이라도 보관이 잘못되어 변질되었어도 우리의 건강에 위협적이지는 않다. 맛과 향이 형편없고 불쾌할 뿐이다. 커피는 양호한 보관상태라는 전제하에 로스팅된 지 약 보름이 경과하면 그 맛과 향이 급격히 감소하게 되는 신선도 식품이다. 신선하지 못하다는 것과 부패되었다는 것과는 상당히 다른 것이다. 신선도를 잃은 커피가 부패로 진행되는 데는 꽤 오랜 시간이 걸린다.

우리나라에서 커피의 유통기간은 제조자가 정하도록 되어 있으며, 보통 1년이나 2년으로 표기하는 경우가 많다. 수입커피도 마찬가지다. 제조일자에 대한 엄격한 기준 시점은 없고, 일반적으로 포장이 완료된 시점을 제조일자로 하고 있다. 적어도 원두커피의 경우 유통기간, Best Before ○년 ○일 등의 표기는 별로 의미가 없다.

언제 로스팅된 커피냐가 중요한 것이다. 신선하지 못한 최고급의 커피는 방금 로스팅된 그저 그런 커피보다 못한 법이다.

|커|피|만|드|는|방|법|

　좋은 커피를 만들기 위해서는 커피원두가 신선해야 하고, 적당하게 갈아져야 하며, 신선하게 뽑아져야 한다. 간(그라운드) 커피는 시간이 오래되면 가스가 빠져나가 본래의 향(맛)을 잃게 된다. 그라운드 커피는 '자율 생명'이 짧아서 밀봉이 잘 되어 있지 않은 상태에서 두게 되면 향기를 잃게 된다. 그러므로 커피는 시원하고 건조한 상태에서 보관하며, 한정된 기간 내에 사용한다. 일반적으로 커피의 맛은 수질과 원두의 배합비 그리고 끓이는 온도와 추출시간 등에 의해서 좌우된다.

물

　커피의 99%는 물이다. 그래서 양질의 커피를 만드는 데 있어서 물이 차지하는 비중은 매우 크다. 이때 물은 광물질이 섞인 경수1)(硬水)보다는 연수2)(軟水)가 적당하다. 냄새가 나는 물을 사용해서는 절대 안 된다.

온도

　섭씨 85~95℃가 최적이다. 100℃가 넘으면 카페인이 변질되어 이상한 쓴맛이 발생되며, 70℃ 이하에서는 탄닌3)의 떫은 맛이 남게 되기 때문이다.

---

1) 경수 : 칼슘이온 및 마그네슘 함유량이 많은 물
2) 연수 : 화학용어로 단물과 동의어이다. 칼슘이나 마그네슘 등 광물질을 함유하지 않거나
　　아주 조금 함유하고 있는 물

일단 끓여서 추출된 커피를 잔에 따랐을 때의 적정온도는 80℃이며, 설탕과 크림을 넣어 마시기에 최적온도는 65℃ 내외이다.

배합비

레귤러의 경우 10g 내외의 커피를 130~150cc의 물을 사용하여 100cc를 추출하는 것이 적당하다. 3인분이면 400cc의 물에 커피 25g을 넣어 300cc를 추출한다. 인스턴트 커피는 1인분에 커피 1.5~2g 정도가 적당하다.

크림

커피에 크림을 넣는 경우, 액상 또는 분말 어느 경우에도 설탕을 먼저 넣고 저은 다음에 넣는다. 커피의 온도가 75℃ 이하로 떨어진 후에 크림을 넣어야 고온의 커피즙에 함유된 산과 크림의 단백질이 걸쭉한 상태로 응고되는 것 (Feathering 현상)을 방지한다.

시간

커피 맛과 향의 완벽한 추출을 위해서는 일정한 시간이 필요하다. 맛과 향이 담긴 섬유조직이 팽창되고 와해되어야 한다.

01 **글라인드**
Grind
커피를 추출하기 위해, 원두를 갈아 가루로 만드는 것.
커피의 맛을 결정하는 포인트의 하나

커피의 맛을 결정하는 3가지의 포인트는 좋은 수질과 볶기, 블랜드, 글라

---

3) 탄닌(tannin) : 아주 쓴 맛을 내는 폴리페놀의 일종으로 식물에 의해 합성되며, 단백질과 결합하여 침전시킨다.

인드이다. 적절하게 블렌딩한 원두를 '바로 볶고, 바로 갈아' 만드는 것이 원칙이다. 가정에서 커피를 만들 때에 관계가 되는 것은 원두를 가는 것이다.

◉ ◉ 커피맛을 결정하는 3가지 포인트

① 블렌딩
② 볶기
③ 글라인드

커피원두를 가는 도구는 업무용의 전동 글라인더와 손으로 돌리는 분쇄기, 또는 소형 가정용 전동 분쇄기 등이 있다. 바람직한 갈기방법은 다음과 같다.
① 추출방법에 맞는 크기로 갈 것.
② 크기를 골고루 할 것.
③ 발열과 미세분을 최소한으로 억제할 것.

입자가 고르지 못하면 커피의 농도에 차이가 생기며, 마찰열이 생기면 향의 성분이 날아간다. 미세분말도 커피를 탁하게 하고, 잡미가 생긴다.

● 커피원두의 지식

커피원두라 하면 갈색의 커피원두를 떠올리게 된다. 원래 커피원두는 엷은 녹색이 최상품이다.

커피원두는 빨간 열매 중에 있는 종자에서 외피를 벗겨 내면 과육이 있고 그 속에 내과피와 은피에 싸여져 2개의 종자가 마주보며 들어 있다. 이 종자를 탈곡과 건조 등 정제를 한 것이 커피원두이다. 커피원두는 보존의 방식과 시간의 경과에 따라 엷은 황색으로 변화한다.

원두의 성질과 맛

보통 커피원두는 2개의 종자가 마주보고 있으나 1개로 되어 있는 것(피베리, p53 참조)도 있다. 이러한 것은 전체의 약 10% 정도이다. 이것을 환두(둥근원두)라 하고, 통상의 원두는 평두(Flat beans)라고 한다. 환두는 맛에 큰 손색은 없다. 맛에 큰 영향이 있는 것은 발효원두, 흑원두, 곰팡이 원두, 부서진 원두, 벌레먹은 원두 등이다. 이러한 것을 섞은 채로 함께 말리다보면 맛이 고르지 못하거나 맛 없는 커피가 된다.

산지(産地)에 따라 맛이 다르다.

커피는 그 종류가 다양하다. 콜롬비아로부터 시작해서 산도스, 모카, 만델링, 킬리만자로, 블루마운틴 등 여러 가지가 있다. 일례로 콜롬비아의 맛은 마일드(부드러움), 킬리만자로는 산맛이 특색이다. 그러나 커피원두의 이름은 생산지나 출하 항구의 이름을 따서 붙여진 것이다.

등급에 의해 세분화하기도 하는데 일례로 콜롬비아는 수푸리모가 최고급품질이고 이하는 에쿠레루소, 곤스모 등으로 분류하고 있다.

원두의 보존

원두는 온도와 습도가 높은 곳에 보존해 두는 것은 좋지 않다. 말려서 볶은 원두도 마찬가지다. 볶아 놓은 원두가 공기에 한번 닿을 때마다 풍미와 향기가 담긴 휘발성 지방이 날아가므로 건조한 진공상태를 유지해 주어야 커피의 제맛을 즐길 수 있다.

공기를 밀폐시킨 커피 보관용 캐니스터에 원두를 담아 두면 1주일 이상 풍미가 그대로 유지된다. 캐니스터는 도자기로 된 것이 좋다. 플라스틱으로 된 것은 향과 기름을 흡수하기 때문에 시간이 지나면 나쁜 냄새가 난다. 원두를 담아 파는 알루미늄 라미네이팅 봉지 그대로 냉장고에 넣어 두는 경우도 있는데, 이렇게 하면 습기 찬 공기가 원두에 스며든다. 원두를 오래 보관해야 한다면 지퍼팩에 담아 냉동실에 넣어 두면 3개월 정도 보관할 수 있으나 그 이상은 안 좋다. 냉동실 문은 자주 열지 않아야 하며, 원두는 냉동된 상태대로 분쇄하면 된다. 분쇄한 커피가루는 빨리 사용하는 것이 중요하다.

추출법에 맞는 굵기 정도와 매시넘버(굵기의 단위)를 참조하여 최적의 갈기방법을 선택한다.

적합한 굵기 정도는 다음과 같다.

① 굵게 갈기 : 퍼코레이터(여과기)

② 중간 굵게 갈기 : 페이퍼, 플란넬 드립

③ 중간 갈기 : 커피메이커, (기호에 따라)플란넬 드립

④ 곱게 갈기 : 사이펀, (기호에 따라)페이퍼 드립

⑤ 아주 곱게 갈기 : 에스프레소

갈기	굵기번호	적합한 추출방법
굵게 갈기	18~20	퍼코레이터, 보일링
중간 갈기	24~28	커피메이커, 플란넬 드립, 사이펀
곱게 갈기	30~32	사이펀, 페이퍼 드립, 더치커피

분쇄란 원두를 커피액으로 추출하기 쉬운 상태가 되도록 간다. 이 공정은 원두 표면에 뜨거운(약 95℃) 물이 닿아 추출될 표면적을 넓히기 위한 작업이다.

분쇄된 커피 형태는 고운 가루에서 지름 1mm 크기의 입자형에 이르기까지 서로 다른 입자들의 일정한 비율로 구성

되어야 한다. 분쇄한 커피가루가 지나치게 미세하면 물의 흐름을 방해하여 좋지 않다.

왜냐하면 입자 사이에 넉넉한 공간이 있어야 뜨거운 물이 스치면서 녹인 콜로이드 성분이 흘러나올 수 있기 때문이다.

커피의 분쇄정도는 추출속도에 관계한다. 곱게 분쇄할수록 뜨거운 물과 닿는 접촉면적이 넓기 때문에 맛이 빨리 우러나오고, 굵을수록 시간이 걸린다. 또한 커피가루의 크기는 추출커피의 농도를 좌우한다. 추출된 커피가 진하면 중간 크기의 가루와 굵게 분쇄한 가루를 알맞게 배합하여 농도를 조절한다.

커피의 농도는 이밖에도 커피가루의 양으로 조절하기도 한다. 즉, 커피가루의 배합량이 많으면 그만큼 진해진다. 그러므로 알맞은 농도의 커피를 추출하고자 하면, 분쇄 정도와 함께 가루의 분량을 적당히 조절한다.

커피가루의 분쇄 정도는 어떤 추출기를 사용하느냐에 따라 달라진다. 추출기구가 드리퍼냐 사이펀이냐 아니면 보일식이냐에 따라 사용하는 커피가루의 크기가 달라진다. 예를 들면 드리퍼에는 중간 굵기의 커피가루가 알맞다. 너무 미세한 커피가루를 쓰면 추출커피에 미립자가 섞이고, 반대로 굵은 가루를 쓰면 추출시간이 짧아 유효성분을 제대로 뽑아낼 수 없다. 분쇄한 커피가루는 배전 원두보다 더 빨리 향미가 변한다.

굵게 갈기

굵은 설탕 정도의 크기이다. 손으로 가는 기기의 경우, 나사를 제대로 조정하고, 다 갈은 후에 안에 남아있는 미세 가루와 섞이지 않게 주의한다.

굵게 간 것

중간 갈기

굵은 설탕과 정제당의 중간 정도의 크기이다. 레귤러 커피의 대부분은 이 갈기 방법으로 한다. 사이펀과 플란넬 드립은 약간 곱게 간다.

중간정도로 간 것

곱게 갈기

정제당보다 곱게 간다. 아주 곱게 갈기 위해서는 전용 밀(제분기)이 필요하다. 에스프레소와 같이 증기로 고속추출을 원하는 경우에는, 이 갈기방법이 아니면 추출할 수 없다.

곱게 간 것

02 커피 밀(제분기)
Coffee Mill
커피원두를 가는 기구를 말한다.
손잡이를 돌려서 가는 수동과 전동밀까지 다양하다.

과거에는 커피원두를 부수기 위해 돌로 만든 절구와 절구공이를 사용했지만, 차츰 철제 절구로 변화하였고, 17세기에 터키에서 손잡이가 달린 밀이 만들어졌다.

커피원두를 맛있게 분쇄하려면 좋은 밀을 선택해야 한다. 커피 밀의 종류는 가정용의 작은 것부터 업무용의 전동식 대형 밀까지 다양하다. 가정용의 대부분은 핸들을 돌리면서 분쇄하는 수동식이고, 전동식은 글라운딩 형태의 업무용이 많다. 최근에는 가정용으로도 전동식의 밀이 생산되고 있다.

밀은 구조적으로 볼 때 글라운딩 밀과 커팅 밀로 분류한다. 글라운딩 밀은 어금니로 커피원두를 깨뜨려 가는 방식이고, 커팅 밀은 날카로운 칼로 커피 원두를 커트(Cut)한 후 분쇄해 가는 방식이다.

18세기 이후 유럽에서는 다양한 형 태의 밀이 만들어졌으며, 종래의 터키 식에 비해 조금 큰 입자로 갈 수 있게 되었다. 커피 밀의 진화는 드립과 사이 펀, 에스프레소 등 추출기의 진화와 함 께 발전되었다.

과거시대의 수동식 커피 밀

[갈기 순서]

1. 상하의 부품, 손잡이 부분을 분 리한다. 소정 분량의 원두를 재 어둔다.

2. 상부에 분량의 원두를 넣고 전체 를 조립한다. 미립도를 조절하는 나사를 조절한다.

3. 평균적인 속도로 손잡이를 돌려 원두를 간다. 열이 발생하지 않 도록 너무 빨리 돌리지 않는다.

4. 상하를 분리하여 가루를 꺼낸다. 톱니바퀴 부분 주변에 있는 미세 가루를 제거하여 가루가 섞이지 않도록 한다.

잣센하우스 · 밀 175M

카리타의 고풍스러운 밀

03 드립(내리기)
Drip

'나무가 물을 뚝뚝 떨어뜨린다'는 의미에서 나왔으며, 천이나 종이로 커피를 여과하는 추출법을 가리킨다.

수많은 커피 추출법 중에서 향기와 부드러움을 살리기에 가장 적합한 방법은 드립식이다. 원리는 1763년에 프랑스의 돈 마틴이 드립식 포트를 발명한 것에서 시작되었다. 그 후 유럽은 물론 미국에서도 오랫동안 철망이나 천으로 걸러 커피를 내리는 시대가 지속되었고, 그 때의 '똑똑 떨어지는' 모습에서 '드립'이라고 부르는 이름이 생겨났다. 현재도 플란넬 천으로 거르는 플란넬 드립이란 방법이 있지만, 종이필터를 사용하는 것이 커피 초심자에게 추천하는 편리한 방법이다.

커피 추출법의 분류

과정	방법 · 기구	채용국 · 지역
여과	워터 드립(더치커피)	동남아시아
	페이퍼 드립	독일
	플란넬 드립	유럽, 아메리카
	에스프레소 머신/마키네타	이탈리아
끓인 후 여과	사이펀	유럽, 미국
	퍼코레이터	미국
끓임	이브릭(터키식 커피)	터키
	보일(삶기)	에티오피아, 유럽, 그리스
침적	커피플레스	세계 각지
	커피백	세계 각지
	스티핑	아시아 각지

구체적으로는 하부에 구멍이 뚫린 도기제 등의 받침대에 전용 종이필터를 넣고, 그 위에 커피가루를 담아 위에서 뜨거운 물을 따라 추출한다.

플란넬 천, 페이퍼 이외에, 최근에는 실크 드립이라 불리는 방법도 있다. 실크를 사용하여 거르는 것으로 전용기기도 판매되고 있으며, 초보자에게는 플란넬 드립보다 다루기 쉽다. 커피의 맛도 진한 페이퍼와 순한 플란넬의 중간이다. 실크드립은 두 가지의 이점을 더불어 가지고 있는 신방식으로 평판도 높다.

크게 4가지로 나누어지는 커피의 추출법 가운데, 드립도 동일한 '여과'의 분류에 들어간다. 여과방법은 잡미가 섞이지 않는 방법이다. 플란넬, 페이퍼, 실크 어느 방법도 끓이지는 않기 때문에, 다른 추출방법에 비해 풍미가 파괴되지 않는다.

드립퍼의 기원

터키식 커피가 유럽에서 유행하던 1711년 프랑스에서 아마로 짠 직물(Linen)을 가공해서 만든 좁고 긴 자루에 분쇄된 커피를 담아 찻주전자(Pot)에 넣고 가열하여 커피액을 추출하는 방법이 고안되었는데, 이것이 커피 드립퍼(Dripper)의 기원이 되었다. 그 후 끊임없는 개량을 통해 자루부분과 포트부분이 분리되었으며, 1800년도와베로이에 의해 현재 사용되는 드립퍼의 형태로 발전하면서 드립퍼는 가장 일반적인 커피 추출기구가 되었다.

깔때기의 모양과 물의 온도

가정용으로 널리 사용되는 드립퍼 형태는 두꺼운 천으로 만든 자루로 여과하는 방법, 전기 드립퍼, 독일의 메리타 여사가 개발한 종이 여과지를 사용하는 방법 등이 있다. 용량이 큰 전기 드립퍼는 용량을 많이 뽑아야 할 때 편리하여 주로 업소용으로 사용되며, 현재 가장 널리 사용되는 방법은 종이 여과지를 사용하는 방법이다.

여과지는 깔때기의 형태에 따라 모양이 조금씩 다르며, 이 모양이 커피 추출 속도를 좌우하여 커피의 맛에 커다란 영향을 미친다. 폭이 좁고 높이가 높게 커피가 담기는 깔때기는 추출시간이 길어져 다소 쓴맛이 강하고 농도도

짙으며, 폭이 넓고 커피가 얇게 담기는 깔때기는 추출시간이 짧아 상대적으로 부드럽고 농도도 연하다. 원두 분쇄 정도가 커피 추출시간에 영향을 미치는데 중간 정도가 적당하다. 너무 굵으면 제대로 추출이 되지 않아 좋지 않고, 너무 가늘 경우 쓴 맛이 많아져 좋지 않다. 드립퍼로 추출할 경우 추출하는 물의 온도는 90℃ 내외가 가장 적당하다. 한 잔당 커피 6~9g 정도, 물 120~130ml을 사용하면 좋은 커피맛을 낼 수 있다.

핸드 드립

핸드 드립(Hand drip)은 소량의 커피를 추출할 때 좋다. 사용하는 주전자는 물을 조금씩 부을 수 있도록 목이 가늘고 아래 부분에서 굽어져 올라와야 한다. 물이 한꺼번에 부어질 경우 추출 속도를 조절할 수 없어 제대로 맛을 낼 수 없다. 숙달하는데 다소 시간이 걸리지만 커피 애호가들이 가장 좋아하는 방법이다.

드립퍼를 사용해서 커피를 추출할 때는 크래프트지로 만든 필터, 여과지를 사용하는 것이 일반적이다. 드립퍼는 두 가지 형태가 있는데 카리타식은 드립퍼 밑바닥에 구멍이 3개 있고, 메리타식은 하나이다. 따라서 메리타식은 물이 빠지는 속도가 느려 커피가 다소 쓰고 거칠게 추출된다. 여과지는 자세히 들여다보면 표면이 고르지 않고 약간의 요철이 있는데, 이는 추출시 물에 젖은 여과지가 드립퍼에 밀착하는 것을 막아 추출된 커피액이 잘 흘러내릴 수 있도록 해준다. 드립퍼는 한 번에 추출하는 양에 따라 1~2인용, 3~4인용, 5~7인용 등이 있는데 각 드립퍼마다 높이의 반 정도에 해당하는 커피를 사용하는 것이 정량이다.

추출 방법

여과지는 아래 부분의 여백을 먼저 접어주고 옆쪽의 여백은 반대 방향으로 접는 것이 좋다. 서버 위에 드립퍼를 올려 놓고 여과지를 얹은 후 펄펄 끓인

물로 여과지를 한 번 씻어 내리듯이 물을 조금 붓는다.

　이렇게 함으로써 용기를 미리 한 번 데워주고 여과지에 배어있을 수도 있는 종이 냄새 등을 제거할 수 있다. 흘러내려 서버에 담긴 물은 잘 흔들어 서버를 골고루 데워준 후 버린다. 사용하는 커피는 굵은 분쇄가 적당한데, 이는 드립퍼가 아래로 갈수록 좁아져 가늘게 분쇄한 커피를 사용할 경우 물이 잘 빠지지 못하고 결국엔 커피맛이 쓰고 거칠게 되기 때문이다.

　드립퍼에 적당량의 커피를 담은 후 살짝 흔들어 커피를 평평하게 고른 후 뜨거운 물을 커피 표면에 잘 흩뿌린 후 20~30초 정도 방치한다. 이 과정은 뜸을 들이는 것으로 Pre-wetting이라고 하는데, 커피를 미리 적셔주어 본격적인 추출을 할 때 커피 성분이 잘 녹아 내릴 수 있게 한다. 물의 양은 커피를 고루 적시지만 서버로 물이 한두 방울 떨어질 정도가 이상적이다. 본격적인 추출을 위해 물을 부을 때는 드립퍼의 정중앙에만 계속 붓는 방법과 원을 그리고 가운데에서 밖으로, 밖에서 다시 안으로 끊이지 않고 물을 붓는 방법이 있다. 주의해야 할 점은 물이 끊기지 말아야 한다는 것과 필터에 물이 부어져서는 안 된다는 것이다. 물을 붓는 속도는 드립퍼에서 흘러내리는 물의 속도와 일치하는 것이 좋다.

　융이란 플란넬이라고도 하는데, 면 100%의 원단을 기모가공하여 울 같은 느낌을 준다. 추출 방법은 드립식과 별다른 차이점이 없다. 융은 미리 깨끗이 빨아 말린 것을 사용하며, 항상 청결을 유지해야 하는 번거로움이 있다.

04 커피 블렌딩
Coffee Blending

　서로 다른 2가지 이상의 커피를 섞는(혼합)것을 말한다. 커피 블렌딩의 목적은 각각의 특징적인 맛과 향을 지니고 있는 커피들을 적절한 비율로 혼합하여 맛과 향의 보완과 상승효과를 얻는다.

조금 연하게 로스팅한 원두와 조금 강하게 로스팅한 같은 종류의 원두를 혼합함으로써 단종(스트레이트) 커피가 가지고 있는 공유의 맛과 향을 강조하면서도 보다 깊고 풍부한 향미를 기대한다.

상업적인 커피 블렌딩은 단종 커피로 즐기기에는 그 맛과 향이 부족한 커피를 다른 종류의 커피와 혼합하여 그 단점을 보완·완화시키고자 하는 취지에서 개발·발전되었다. 고유의 맛과 향을 지닌 고급 아라비카 커피는 블렌딩을 하지 않고 스트레이트로 즐기는 것이 고급 커피를 고급 커피답게 즐기는 방법임은 틀림없다. 그러나 이 정도의 고급 아라비카 커피가 아닌 경우에는 두 세 종류의 비슷한 수준의 커피들끼리, 혹은 조금 질이 떨어지는 커피와 고급 아라비카를 혼합하여 그 맛과 향이 보다 조화로운 커피로 만들 수 있다.

05 나라별 블렌딩 특성

유럽계

유럽의 커피는 역사가 깊다. 오랫동안 커피를 볶으면서 쌓인 노하우로 많은 회사들이 10여 가지 이상의 원두를 섞어서 블렌딩한다.

많은 종류로 블렌딩을 하면 맛을 조정할 수 있는 여지가 많다. 예를 들어서 자연환경의 변화나 정치적 환경의 변화로 한 종류의 커피가 수급이 어려워졌을 때, 3~4가지로 블렌딩한다면 변화된 환경에 적응하기가 힘들 것이다. 하지만 블렌딩을 10여 가지 이상, 심지어는 20여 가지 이상으로 블렌딩하면 변화된 환경에 적응하기가 훨씬 쉬워진다.

유럽의 커피들은 인스턴트의 재료가 되는 로부스타종도 블렌딩으로 사용한다. 왜냐하면 유럽인들이 좋아하는 커피가 에스프레소이기 때문이다. 로부스타를 블렌딩에 사용하면 크레마가 더 풍부하게 나오며, 로부스타 특유의 맛이 에스프레소 맛을 풍부하게 한다.

미국, 일본, 우리나라

미국이나 일본, 우리나라는 대체적으로 적은 수의 커피로 블렌딩한다. 약 10가지 이하의 종류로 블렌딩하여 맛의 조화를 중요시한다. 그리고 또한 로부스타종은 금기시하는 경향이다. 100% 아라비카종만을 사용한다는 것을 강조하여 고급스러운 이미지를 강조한다. 실제로 고급 아라비카종만을 사용하여 블렌딩하면 맛이 한결 깔끔하다.

06 메리타식
Melitta
여과지를 사용하는 드립식의 추출기.
20세기 초 독일의 메리타 벤츠 부인이 창안했다.

페이퍼 드립의 역사는 비교적 오래되지 않았다. 메리타식이라 불리는 한구멍 드립퍼는, 1908년 독일의 드레스덴에 살고 있던 메리타 벤츠라는 여성이 고안했다. 현재 당연히 여기는 페이퍼 드립 시스템(여과지로 커피가루를 걸러 커피를 추출하는 방식)은 '가장 사랑하는 남편에게 더욱 맛있는 커피를 마시게 하고 싶다'고 하는, 한 사람의 현모양처의 애정에서 탄생된 것이다.

커피 추출이라고 하면 천이나 철망에 의한 드립밖에는 생각하고 있지 않았던 당시, 한 장의 종이로 간단하게 커피를 내릴 수 있는 방법은 매우 획기적이었다.

메리타 벤츠의 맛있는 커피에 대안 탐구심은 아들에게 이어져 발달되었다.

메리타가 생각해낸 페이퍼 드립 시스템의 구조는, 작은 구멍을 몇 개 뚫은

놋쇠로 만든 용기(후의 필터기)에 한 장의 여과지와 커피가루를 넣고 뜨거운 물을 따르는 것이다. 구조는 단순하지만 거르기에 종이를 사용한 아이디어는 커피의 역사를 바꿀 정도의 발명이었다.

메리타 벤츠(Melitta Bentz)
독일 드레스덴 출생. 1908년 한 장의 종이로 간단하게 커피를 내릴 수 있는 페이퍼 드립 시스템을 고안했다.

그녀의 정열은 아들인 홀스트 벤츠에게 이어졌다. 개발에 열중하던 홀스트는 1930년대 현재와 같은 원추형의 필터와 필터 페이퍼를 완성시켰다.

홀스트가 최초로 개발한 필터의 추출구에는 8개의 구멍이 뚫려 있었다. 그러나 이 필터로 내리는 커피의 맛에 만족하지 못했던 그는, 물의 흐름과 커피 추출의 과정을 연구하여, 필터의 형태는 물론 경사각도와 구멍의 수 등 전력을 다해 검토를 거듭했다. 1960년대 현재의 한 구멍 추출기가 탄생된 이후 현재의 메리타로 이어지고 있다.

07 한 구멍 추출기

메리타제 드립퍼는 한 구멍식이 주류이다. 드립퍼는 그밖에 세 구멍도 널리 사용되고 있다. 그 차이는 한 구멍은 세 구멍에 비해 추출시간이 오래 걸리는 반면에 물에 스크류 효과를 주는 경우도 있어, 한 구멍이 깊은 맛을 낸다는 전문가의 의견도 있다. 사용하는 드립퍼에 따라, 가루의 양을 조정하도록 지도하는 커피점도 있다.

● 종이필터로 커피 내리기

〈2인분〉

커피가루 : 중간 곱게 갈기 20g,

물 : 300cc(완성시 240cc)

Tip 커피를 컵에 넣기 전에 휘저어서 한
가운데로 모이는 기름을 제거하면, 커
피의 보다 순수한 풍미를 즐길 수 있
다.

〈종이필터 접는 방법〉

1. 종이필터의 밑부분을 접는다. 체크모양
바로 위를 반듯하게 접는다.

2. 옆면을 역시 체크모양 바로 위를 반듯하
게 접는다.

3. 밑과 옆의 접힌 부분이 벌어지지 않도록
   하여 종이필터의 주둥이를 벌린다.

4. 종이필터 옆면의 접힌 부분을 내림대의
   옆면에 맞추어 끼운다.

[커피 추출 과정]

1. 종이필터를 끼웠으면 뜨거운 물을 따라
   기구 전체를 따뜻하게 한다.

2. 종이필터 안에 커피가루를 넣는다. 분량
   은 '10g×마시는 사람의 수'가 기준이
   된다.

3. 받침대를 흔들어 커피가루를 평평하게
   한다.

4. 중앙부터 원을 그리듯이 소량의 물을 따
   른다.

5. 가루가 적셔지고 가운데가 부풀어오르
   면, 1회째의 추출이다. 중앙부터 원을
   그리듯이 물을 따른다.

6. 2회째 추출에도 물을 따르는 속도는 떨
   어지는 속도에 맞춘다.

7. 3회째 추출에서는 만드는 분량만큼 같은
   동작을 반복하여 추출한다.

8. 많이 부풀어 있던 거품이 가라앉고, 색
   이 하얗게 변해가면 추출 종료라는 표시
   이다.

08 플란넬 드립
Flannel-Drip

면 플란넬을 주머니 모양으로 한 것으로, 커피가루를 거르는 추출방법, 그
기구를 말한다.

플란넬 드립은 면 플란넬을 잇대어 주머니 모양으로 만들고, 스텐레스 등
의 철사를 굽혀 둥그렇게 만든 틀에 끼운 도구를 사용하여 추출하는 방법이
다.

현미경 구조상 종이보다 덜 조밀한 100% 면으로 만들어진 융으로 커피를
거르면 커피의 지용성 성분이 걸러지지 않고 추출된다. 따라서 페이퍼 필터
보다 더 바디감이 좋은 커피가 만들어진다.

시판되는 플란넬 주머니는 두 겹이 많지만, 세 겹, 네 겹인 것도 있으며,
겹수가 많은 것이 원에 가까워지기 때문에 커피의 추출에 이상적이라고 생각
된다. 최근의 페이퍼 드립 제품으로, 피라밋 필터와 같은 상품이 등장하고 있

는 것도, 커피추출에 적합하기 때문이다. 또한 외측을 플라스틱이나 도기로 싸고 있는 페이퍼 드립과 달리, 플란넬 드립에서는 물이 천에 스며들기 때문에, 10~20% 정도 많은 물을 사용하지 않으면 안 된다. 이러한 것들을 생각해보면, 플란넬 드립 추출은 1~2잔보다 다량으로 추출할 때 적합하다. 큰 보자기인 경우, 겹수에 의한 형태의 차이도 그다지 영향을 주지 않는다.

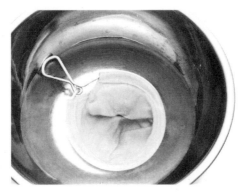

플란넬 천은 물에 적셔 보관하고, 물은 매일 바꾸고, 천을 세척할 때에 세제는 사용하지 않는다. 새 플란넬을 사용할 때는 한번 뜨거운 물에 담근다.

사용함에 따라 천의 상태가 변화하기 때문에 추출은 페이퍼만큼 쉽지는 않지만, 속도를 가감할 수 있기 때문에 손기술에 따라 원두가 가지고 있는 맛을 충분히 살릴 수 있다. 천을 좋은 상태로 유지하기 위해서는, 우선 산화시키지 않도록 한다. 사용 후에는 잘 세척하고 절대 건조시키지 않는다. 보관은 깨끗한 물을 적셔 서늘한 곳에 둔다.

플란넬 드립의 포인트

부풀어오른 가루의 가장 외측에 물이 닿지 않도록 할 것. 바깥부분이 부풀어오른 거품의 벽 역할을 하기 때문에, 이를 부수면 구멍이 생긴 상태가 되어, 충분히 추출되지 않은 채 물이 내려간다.

09 사이펀
Siphon
증기압의 차에 의해 물을 빨아들이는 메카니즘을 이용하여, 커피를 추출하기 위한 장치.

진공여과법이라는 증기압을 이용하여 커피를 추출하는 기구이다. 기능뿐만 아니라 인테리어 소재로 사용하는 경향도 많다.

최초의 진공여과식이라는 19세기 전반 영국에서 고안된 나피어식을 들 수 있다. 초기의 사이펀은 2개의 포트를 옆으로 나란히 한 형태였지만, 20세기에 미국에서 현재 보급되고 있는 상하형을 고안하였다.

추출 메카니즘은 아래 플라스크의 물을 끓이면, 증기압으로 커피가루가 있는 위의 로트부로 올라간다. 커피가루에 물이 침출되면, 불을 꺼내 온도를 내린다. 압력이 내려가면 커피액이 아래로 떨어진다.

2개의 포트를 좌우로 나란히 한 형태였던 초기 유럽제 사이편

　드립식과 같이 손기술이 요구되지 않고, 맑은 커피를 만들기에 용이하지만, 고온에서 추출하기 때문에 쓴맛이 나기 쉽다. 사이편에 알맞는 원두의 선택과, 섬세한 기구의 취급에 주의한다.

1. 플라스크　2. 알코올 램프　3. 로트　4. 스탠드　5. 여과부
6. 전용 계량스푼

사이편 세트

진공식 커피기구의 등장

1840년 영국의 해양학자인 로버트 나피어(Robert Napier)라는 사람이 처음으로 진공식의 커피기구를 발명하였는데, 이것이 사이펀(Syphon)의 원조이다. 이후 1842년 프랑스에서 상하를 분리할 수 있는 진공식 커피기구가 개발되었고, 1915년 미국에서 열원으로 전열기를 사용한 가정용과 업무용 진공 커피기구가 출현했다.

1924년 일본에서 종래에 없었던 유리로 된 진공 커피기구가 개발되었고, 그 개발자인 고노한 씨는 그 기구에 사이펀이라는 명칭을 붙였다. 사이펀은 코나스(Conas), 베큐레이터(Vaculator)라고 불리기도 한다.

사이펀의 원리

사이펀은 상부의 깔때기(Funnel)와 하부의 단지(Bowl)가 그 주요 구성요소이며, 이외에도 필터와 열원이 필요하다. 필터는 깔때기 하부에 위치하여 일종의 선택적 차단작용을 한다. 물과 추출된 커피액은 자유로이 통과시키지만 분쇄된 커피는 차단한다. 가열은 주로 알코올램프를 사용하지만 경우에 따라서는 가스나 전기로 가열한다.

사용방법

1. 주전자에 필요한 물의 양보다 여유 있게 물을 끓인다. 커피 한 잔당 120~140ml 정도의 물이 적당하다.
2. 커피는 1인분에 6~9g 정도가 적당한데 다소 가늘게 갈아서 사용한다.
3. 사이펀의 하부 단지에 끓인 물을 넣고 알코올램프를 사용하여 가열한다.

4. 필터를 돌려 상하를 분리한 후 여과지를 가운데에 장치하고 다시 필터를 조립한다. 필터를 깔때기 부위에 스프링과 고리를 이용하여 제대로 고정시킨다.
5. 준비한 분쇄커피를 깔때기에 넣고 물이 끓기 시작하면 상부 깔때기와 하부 단지를 조심스럽게 결합한다. 이때 밀폐가 제대로 되지 않으면 추출이 되지 않는다.
6. 물이 끓으면 발생한 수증기압에 의해 물이 상부 깔때기의 유리관을 타고 상승하기 시작하여 약 90% 정도가 깔때기로 올라가면 긴 수저나 유리막대로 조심스럽게 저어준다.
7. 약 30초 내지 1분 정도 방치하여 커피가 충분히 추출되도록 한다. 이때 하부 단지에 일부 남아 있는 물이 끓으며 발생한 수증기는 상부 깔때기로 올라와 물의 온도를 일정하게 유지시키고 커피와 물을 잘 혼합한다.
8. 다시 한번 커피를 잘 저어준 후 알코올램프를 끄고 방치하면 하부 단지가 식으며 단지 안에 있는 수증기가 응축하면서 진공이 걸려 상부의 추출액이 필터에 걸러지면서 하부로 빨리 내려온다. 빠르게 추출을 완료하고자 할 경우에는 하부 단자를 젖은 행주로 식혀준다.
9. 커피액이 완전히 하부 단자로 내려오면 상부 깔때기를 분리하고 추출된 커피를 잔에 따른다.

10 나피어식

1840년 영국에서 로버트 나피어가 나피어식 사이펀을 고안했다. 최초의 진공여과식이라는 설도 있지만, 이보다 전에 독일, 프랑스에서도 사용하고 있었다.

커피 사이펀의 역사

년도	내 용
1830년대	독일에서 유리 풍선형의 사이펀이 사용되었다.
1835 · 1839년	프랑스 · 영국에서 독자적인 사이펀 특허가 취득되었다.
1840년	로버트 나피어(영)가 나피어식 사이펀을 고안하였다.
1841년	바슈 부인(프랑스)이 개량하여 유리 풍선형 사이펀으로 특허 취득(현재 형태의 원형).
1844년	루이스 가베트가 저울식 사이펀의 특허를 취득.
20세기~	미국에서 '새로운 흡인식 커피 추출기구'의 특허 취득이 계속되고 있다.
1915년	처음으로 파일렉스제 사이펀 'Silex'가 만들어졌다.

● **사이펀으로 커피를 내리기**

〈2인분〉

커피가루 : 중간 곱게 갈기 20g, 물 : 300cc(완성시 240cc)

Tip 천필터인 경우, 새것은 커피로 삶아 향을 배게 하여 사용한다. 사용이 끝나면 세제를 사용하지 않고 잘 세척하고, 깨끗한 물에 적셔 서늘한 곳에 보관한다.

[필터를 조립안다]

1. 종이필터는 일회용이므로 편리.

2. 필터네트의 나사부분을 분리한다.

3. 종이필터를 소정의 구멍에 끼운다.

4. 2에서 분리한 부분을 조립한다.

5. 로트 내에 필터의 일부를 넣는다.

6. 필터의 스프링에 달린 걸음 고리를 관의 끝
   에 건다.

[커피를 추출하기]

1. 포트부를 스탠드에 세우고, 커피가루를 넣는
   다.

2. 포트부의 관부분을 손으로 잡아 흔들어 가루
   의 표면을 평평하게 한다.

3. 플라스크의 물이 끓으면 재빨리 끼운다.

   Tip 끓기 전에 끼우면, 미지근한 물이 올
   라와 제대로 추출할 수 없으므로 주의
   한다.

4. 플라스크에서 로트로 물이 완전히 올라가면
   주걱으로 잘 섞는다.

5. 약 30초 후 알코올 램프를 꺼내면, 포트 내
   의 커피가 떨어진다.

11 퍼코레이터

Percolator

19세기초 미국에서 탄생한 순환식 커피 추출기구.
서부개척 때의 산물로, 현재도 아웃도어에서 사용된다.

퍼코레이터는 서부개척 시대의 미국에서, 아메리칸 커피와 함께 보급되었고 현재 미국 가정에서 아주 널리 사용되고 있는 커피기구이다.

포트에 물을 넣고 바스켓에 커피를 넣어 끓이면, 증기압에 의해 물이 바스켓(커피 바구니) 중앙의 파이프로 올라가, 가루에 침출하여 떨어지는 메카니즘이다. 증기압으로 물이 가루에 침출하고, 쪄서 추출하는 구조는 사이펀과 동일하다.

순환을 반복하여 커피를 추출하는 퍼코레이터는, 심플한 기구로 아웃도어에서 사용하기 편하고, 옛날 서부극의 모닥불 장면 등에서도 자주 볼 수 있다.

우리들이 '아메리칸'이라 부르고 있는 커피는 커피의 농도가 옅은 커피라는 이미지가 강하지만, 전통적인 아메리칸 커피는, 살짝 볶은 원두를 굵게 갈아 추출한 것을 말한다. 미국 동부에서 서부 해안으로 갈 때까지 장기간의 보존성과 휴대가 간편하기 때문에 원두는 살짝 볶고, 물이 순환하는 퍼코레이터의 구조에 알맞게 굵게 갈기를 선택한 것이다. 살짝 볶아 굵게 갈은 아메리칸 타입의 원두를 퍼코레이터로 내리면, 와일드한 맛으로 카우보이의 기분에 빠질 수도 있다.

너무 오래 끓이면 커피성분이 많이 나와서 혼탁하거나 쓴맛이 강해지기 때문에, 뚜껑의 유리부분을 보면서 적절한 추출시간을 판단할 필요가 있다. 구조상 향기가 날아가기 쉽고 커피액이 혼탁해지기 쉽기 때문에, 가정에서 커피를 내릴 경우, 퍼코레이터는 권장할 만한 기기라고는 할 수 없다. 지금도 캠프장에서는 편리하게 사용되고 있다. 살짝 볶은 원두를 굵게 간 것을 준비하고, 불을 붙여 물이 끓으면 바로 불을 빼는 방식으로 하면, 커피의 향이 없어지지 않으며 비교적 실패가 적다.

과거 시대의 동으로 만든 퍼코레이션
은, 물을 끓이기 위한 램프도 달려있
다.

● 퍼코레이터로 커피내리기

〈2인분〉

커피 : 굵게 갈기 20g, 물 : 260cc(완성 240cc)

Tip 완성시보다 약간 많은 물을 넣을 것.

현재 가장 일반적인 퍼코레이터. 스
테인리스제이므로 손질도 편하다. 포
트부분은 알루미늄제도 있다.

[순서]

1. 포트에서 바스켓을 꺼낸다.

2. 포트에 물을 넣는다. 포트를 처음 사용할 때는 사전에 내부를 잘 씻어둔다.

3. 바스켓에 커피가루를 넣고 살짝 흔들어 가루를 평평하게 한다.

4. 바스켓에 필터를 셋트한다. 이때 가루면을 누르듯이 한다.

5. 바스켓을 포트에 세트하고 포트의 뚜껑
   을 덮는다.

6. 곤로에 올려 중불로 가열한다. 30초 정
   도 지나면 물이 끓고 위로 올라간다.

7. 커피액이 올라와 뚜껑의 유리부분에 색
   이 보이면 3분 정도 기다린다.

8. 불을 끄고 컵에 따른다. 추출중에는 뚜
   껑을 열어서는 안 된다.

이브릭

12

Ibrik

터키식 커피를 내릴 때 사용하는 전용 포트.
긴 손잡이가 달려있으며, 터키에서는 '제즈베'라고도 부른다.

구리(동)나 놋쇠의 이브릭(Ibrik) 또는 제즈베(Cezve)라 불리는 작은 냄비와 같은 기구를 사용하여 터키 특유의 커피 내리는 방법이다. 커피를 삶아 가루를 거르지 않고 위의 맑은 부분을 마신다. 고온으로 단시간 삶기 때문에, 살짝 볶기나 중간 볶기의 원두는 떫은 맛이 나기 쉽고, 오래 볶은 원두는 산뜻한 쓴맛을 맛볼 수 있다.

터키에서는 오스만투르크 시대인 1554년, 유럽보다 1세기 정도 앞선 시기에 콘스탄티노블(현 이스탄불)에 최초로 카페가 열렸다. 그때까지 주로 약용으로 이용되어 왔던 커피가, 기호품으로 친숙해지기 시작하였다. 18세기에는 영국과 프랑스 등에서 가루를 여과하는 방법이 고안되었지만, 터키에서는 지금도 삶는 방법이 주가 되고 있고, 점술에도 이용되고 있다. 물로 삶은 커피는 의외로 잡미가 적고 깨끗한 맛을 낸다.

과거 시대에 사용되었던 이브릭. 같은 동으로 만들어진 컵홀더와 커피잔도 있다.

• 이브릭으로 커피내리기

〈2인분〉

커피 : 아주 곱게 갈기 12g(터키에서 커피가루는 전용 제분기를 사용하여, 아주
　　　고운 가루 형상으로 간다.

물　 : 200cc(완성 160cc)(설탕을 넣을 때는 2의 단계에서 함께 넣는다.)

[순서]

1. 이브릭에 커피가루를 넣는다. 반드
　　시 커피를 먼저 넣고 물을 나중에
　　넣는다.

2. 물을 넣고 중불에 올린다. 뜨거운 물
　　이 아니라 찬물을 넣어 끓인다.

3. 끓이면서 스푼으로 젓는다. 불의 강
　　약은 물이 넘쳐나지 않게 주의한다.

4. 거품이 나면 이브릭을 불에서 꺼내 가볍게 흔든다. 추출 온도를 일정하게 유지하기 위해, 이 과정을 3회 반복한다.

5. 불을 끄고 표면의 거품을 스푼으로 제거한다.

6. 천천히 컵에 따르고, 커피가루가 가라앉으면 윗부분을 마신다.

13 커피점술

커피를 마신 후, 커피잔을 씌우고 뒤집어 컵 밑에 남아있는 가루의 형상으로 운세를 보는 커피점술도 알려져 있다.

사람들이 언제부터 커피 찌꺼기를 이용하여 미래를 읽게 되었는지는 정확하게 할 수 없다. 커피잔 내벽에 남긴 커피 찌꺼기의 갈색 자국으로 이루어진 기호를 해독해보려는 사람들의 욕구는 너무도 자연스러운 것이어서, 아마도 커피의 출현과 동시에 생겨났거나 더 오래되었을 것으로 추측된다. 터키식 커피는 커피잔에 찌꺼기의 흔적을 남길 수밖에 없는 커피이다. 따라서 미래를 점쳐볼 수 있는 유일한 커피이다.

19세기 유럽에서 유행하던 '커피점(占)'을 보는 방법은 다음과 같다. 커피를 다 마신 커피잔을 컵받침 위로 엎어놓는다. 이 상태로 몇 분간 두면 커피 찌꺼기는 커피잔의 내벽을 타고 흘러내리면서 옛날부터 체계화되어 있는 어떤 형상을 그리게 된다. 커피 찌꺼기가 십자가 무늬를 나타내면 건강에 유의하라는 뜻이다. 불꽃 무늬는 직감을 믿지 않는 편이 이로울 것이라는 뜻이며, 나비를 연상시키는 무늬는 가족 내부에 적이 있는 뜻이다. 말 머리 무늬는 애정운이 있을 것이라는 뜻이며, 물고기 무늬는 좋은 기회를 만나게 될 것이라는 뜻이다.

14 에스프레소
Espresso

증기압으로 단번에 추출하는 커피를 이탈리아에서 에스프레소라 한다.
프랑스, 스페인에도 동일한 커피가 있다.

이탈리아의 커피 하면 에스프레소 커피가 가장 대표적이다. 오래 볶은 원두를 사용하여 증기의 압력으로 추출한 커피는, 독특한 진한 향기와 신맛, 쓴맛이 있다.

이탈리아 전지역에는 에스프레소를 마실 수 있는 바르가 약 16만 채 있으며, 에스프레소 없이는 사람들의 생활이 안 될 정도이다.

진한 커피라고 생각하기 쉽지만, 플란넬 드립의 4배나 빠른 속도로 추출하기 때문에, 카페인의 함량은 적은 것이 특징이다.

작은 컵으로 마시는 것이 일반적인데, 보통 1잔분은 많아야 70ml이다. 스트레이트가 아니라, 설탕을 넣어 거품이 부숴지지 않도록 살짝 저어 마시는 것이, 본고장 이탈리아식의 마시는 법이다. 1잔을 3모금에 마시는 것이 보통이라고 한다.

상업용 에스프레소 머신으로는, 9기압에서 90℃로 추출한다. 아주 곱게 간 가루를 강하게 프레스하는 것이 맛있게 에스프레소 커피를 만드는 키포인트가 된다.

분량만큼의 커피가루를 넣는다. 머신이면 1인분 7g 정도

탬퍼라는 도구로 가루의 표면을 강하게 눌러 단단하게 한다.

에스프레소 커피의 매력

우리나라에 에스프레소 커피가 처음 소개된 것은 1996년 정도이다. 물론 그 전에도 국내에 거주하는 외국인들인 해외 여행, 유학 등으로 유럽의 정통 에스프레소 맛을 경험했던 사람들이 에스프레소를 찾았지만 대부분의 사람들은 아메리칸 스타일의 커피를 즐겼다. 사람들은 왜 에스프레소 커피에 열광할까? 아마도 생활수준이 높아지고 개성을 중시하는 사람들이 늘어나면서 정통 커피맛을 원하게 된 것으로 보인다. '테이크아웃 커피전문점'의 확산 역시 새로운 커피문화에 열광한 신세대들의 인기에 힘입었다고 볼 수 있다.

에스프레소 커피의 정의

일반적인 관점에서 에스프레소에 대해 정의한다면 '다소 강하게 볶은 커피(중배전 이상)를 아주 가늘게 분쇄하여 짧은 시간 동안 뜨거운 물로 압력을 가하며 진하게 추출하여 작은 잔에 담은 것'을 말한다. 이러한 에스프레소는 모든 커피 메뉴의 기본이 되어 여기에 우유, 설탕, 크림, 초콜릿 등의 부재료를 첨가하여 무한변신이 가능하다.

에스프레소의 수치적 조건

- 잔당 커피 사용량 : 6~8g
- 물의 온도 : 88~92℃
- 압력 : 9bar
- 추출시간 : 20~30초 정도
- 추출량 : 25ml 정도
- Solo : 한잔의 에스프레소(25ml)
- Doplo : '2배(Double)'라는 의미(50ml)
- Lungo : 에스프레소를 길게(Long) 뽑는 것 (25~35ml)
- Restretto : 가장 진한 시점으로 제한해서 뽑는 것(25ml 이하)

에스프레소 추출 순서

1. 그룹헤드의 커피찌꺼기 제거를 위해 에스프레소 머신의 추출버튼을 눌러 2~3초간 물을 흘려준다.
2. 6~8g의 커피를 포터필터에 담는다.
3. 적절한 태핑과 탬핑을 하여 커피가 골고루 추출될 수 있도록 한다.
4. 그룹헤드에 포터필터를 잘 끼워준다.
5. 미리 데운 잔을 포터필터 밑에 놓고 추출버튼을 눌러 20~30초간 약 25ml의 커피가 추출되도록 한다.
6. 추출이 끝나면 잔을 치우고 청소를 한다.

● 맛있는 이탈리아식 에스프레소의 조건

한국에서도 에스프레소는 친근한 것이 되어, 카페뿐만 아니라 가정에서도 간단히 만들 수 있는 머신이 인기이다. 가정에서 잘 만들기 위해, 맛있는 에스프레소의 5포인트를 요약하기로 한다.

① 9기압으로 추출한다.

9기압은 상업용 에스프레소 머신의 기압이다. 이전에는 가정용은 낮은 기압의 머신이 대부분이었지만, 현재는 9기압의 머신이 많이 나와 있다.

② 90℃의 물로 추출한다.

90℃의 고온에서 향기로운 향을 추출할 수 있다. 머신은 소정의 순서대로 하면, 적정온도로 추출할 수 있다.

③ 이상적인 추출시간은 20초

본고장 바르에서도 20초 정도가 이상적인 추출시간이라고 한다. 이 조건을 갖추기 위해, 2잔분을 동시에 추출하는 경우도 있다.

④ 1잔은 30cc 정도

이탈리아의 에스프레소는 한국보다 약간 적은 듯한 느낌이지만, 만족감은 최고이다. 1잔이 약 30cc인데 데미타스 컵의 반 정도이며, 세 모금에 마실 수 있는 양이 최적이라고 한다.

⑤ 커피의 온도는 70℃

가장 맛이 있다고 느끼는 온도는, 향기 성분이 가장 잘 나는 70℃ 전후이며 혀의 체감도 70℃가 최적이다.

● 이탈리안 · 에스프레소의 지방에 따른 특징

이탈리아의 에스프레소는 일반적으로 북쪽일 수록 신맛이 강하고, 남쪽으로 갈수록 오래 볶기를 하여 쓴맛과 진한 맛이 강하다.

로마(라치오주)

이탈리아에서는 표준적인 오래 볶기. 시티~풀시티 로스트. 향긋한 향과 깊은 맛을 느낀다.

나폴리(캄파니아주)

가장 오래 볶으며 농후한 맛을 주는데 풀시티~프렌치 로스트 정도이다. 쓴맛이 강하고, 깊이가 있는 농후한 맛. 한국인이 생각하고 있는 에스프레소의 맛은 나폴리의 것에 가장 가깝다.

↑ 신맛

↓ 쓴맛, 진한맛

토리노(피에몬테주)

이탈리아 중에서는 가장 살짝 볶기를 하며, 신맛을 느낀다.

밀라노(롬바르디아주)

하이~시티 로스트 정도의 볶기를 하고, 아라비카종의 사용비율이 높다. 온화한 신맛을 느낀다.

피렌체(토스카나주)

로스트 정도는 다양하다. 약한 신맛을 느낀다.

15 마끼아또

마끼아또는 '점을 찍다', '흐리게 하다'라는 의미의 이탈리아 말이다. 처음에는 에스프레소식으로 추출한 커피를 우유나 우유 거품으로 흐리게 하여 마시기에 편하도록 만든 메뉴였다. 그러나 미국계 커피숍이 큰 커피잔에 커피와 많은 양의 우유에 카라멜 시럽이나 소스까지 듬뿍 넣어 카라멜 마끼아또라는 메뉴로 개발한 것도 있다.

16 마키네타
Macchinetta

직접 물을 끓이는 방식의 에스프레소 메이커를 이탈리아에서는 '마키네타'라 부른다.
가정에서는 마키네타로 에스프레소를 추출하여, 바로 식탁에 올린다.

에스프레소는 이탈리아에서 20세기 초반에 발명된 증기압을 이용한 추출 방법이다. 이탈리아에 커피가 소개된 것은, 16세기 후반에서 17세기 초반이므로, 300년간의 진화의 상징이라고도 할 수 있는 추출법이다.

1645년에는 베니스에 이탈리아 최초의 카페가 오픈하여, 커피를 마시는 습관이 일반화되었다. 유럽에 커피가 전해졌던 초기에는 터키 커피와 같이 함께 끓여서 마셨지만, 18세기에 프랑스에서 드립식의 원형이 발명되고, 19세기 후반부터는 프랑스와 이탈리아에서 보다 효율적인 추출법이 고안되어 왔다.

에스프레소는 직접 물을 끓이는 커피메이커와 머신으로 만드는 방법이 있으며, 커피메이커는 커피메이커 기구가 머신보다 싸고, 콤팩트하여 수납장소를 차지하지 않으며, 간편하게 사용할 수 있는 것이 특징이다.

상하 2개의 포트 사이에 커피가루를 넣는 필터가 있으며, 아래의 포트에 물을 넣어 끓이면 뜨거운 물이 필터를 통해 커피를 추출하면서 위의 포트로 올라가는 구조이다. 고온의 증기를 이용하여 단시간에 추출하기 때문에, 드립식 등의 걸러서 만드는 커피에 비해 부드러운 맛과 쓴맛이 난다.

팔각형의 고풍스러운 타입도 사용방법은 마찬가지이며, 하부에 물을 넣는다.

● 직화식 에스프레소 만들기

기구명 : 마키네타
커피 : 아주 곱게 갈기 14g
물 : 140cc(완성 120cc)

[순서]

1. 기구의 상하를 분리하여 필터를 꺼낸다.

2. 하부 포트에 눈금대로 물을 넣는다. 수
   위가 포트에 그어져 있는 안전선의 높이
   를 넘지 않도록 주의한다.

3. 필터 홀더에 커피가루를 넣는다.

4. 계량컵 뒷면으로 가루의 표면을 살짝 눌러 평평하게 한다. 너무 강하게 누르면 작은 거품이 생기지 않으므로, 잘 조절할 필요가 있다.

5 · 6. 커피를 담은 필터를 하부의 포트에 세트하고, 상부의 포트를 끼운다.

7. 틈새가 있으면 증기가 새어 나와서 추출할 수 없게 되고 화상을 입을 우려가 있으므로, 수평으로 신중히 정확하게 끼운다.

8. 곤로에 올리고 불을 강하게 한다. 커피
   가 필터를 통해 상부 포트로 올라오면,
   끓는 소리가 나고 수증기가 일어난다.
   불이 강하므로 손잡이가 타지 않도록 주
   의한다.

Tip 커피가 상부 포트로 올라오기 시작하면 중불로 하고, 스팀 소리가 들리지 않
고 커피가 전부 올라오면 거품이 사라지기 전에 빠르게 컵에 따른다. 기호에
따라 설탕이나 거품밀크 등을 첨가한다.

17 카페 덴
Cafe Denn
베트남 커피의 총칭. 밀크가 들어간 커피를 '카페 스논', 밀크가 들어간 아
이스 커피를 '카페 스다'라 부른다.

아오자이[4]와 시클로[5], 포(Pho)[6]가 베트남의 명물로 확실하게 정착된
것과 함께 카페 덴도 유명한 베트남 커피의 총칭이다. 일본에도 체인점이 있
으며, 원두와 기구를 함께 팔고 있는 경향으로, 베트남 커피를 일상적으로 즐
기기가 쉬워졌다.

베트남의 커피 재배와 음용의 역사는, 프랑스령 인도차이나 시대에 시작되
었고, 독특한 커피필터도 프랑스에서 도입되었다. 프랑스에는 베트남의 필터
와 비슷한 형태의 우아한 은제의 기구가 남아있지만, 베트남의 것은 주로 알
루미늄제로 서민적이다. 커피는 도자기로 만들어진 컵이 아닌 글래스로 마시

---

4) 아오자이 : 베트남 전통의상
5) 시클로 : 베트남의 교통수단. 명물인 자전거에 인력거를 합한 모양임.
6) 포(Pho) : 베트남 요리(탕면)

는 것이 일반적이며, 글래스 밑에는 농축 밀크를 넣고, 위에 커피액을 따른다.

버터를 넣고 오래 볶아 쓴맛이 강한 로부스타종과, 달고 깊은 맛이 있는 농축 밀크는 절묘한 조화를 이룬다. 글래스 위에 세트된 필터에서 커피가 떨어지는 모습에서 향수를 느낄 수 있어 인기도 높다.

● 카페 덴을 맛있게 만들기

기구명 : 베트남 커피필터
가루 : 아주 곱게 갈기 1인분 10~12g
물 : 150cc

[순서]

1. 글래스를 사람수만큼 준비한다. 내열 글래스가 없으면 보통의 커피잔이라도 괜찮다. 떨어지는 커피의 양은 보이지 않으므로 넘치지 않도록 주의한다.

2. 커피필터의 뚜껑을 열어, 안에 있는 커
   피를 눌러주는 도구를 분리한다. 필터
   안에 커피가루를 넣고, 윗부분을 평평하
   게 하고 나서, 위에 커피가루를 눌러주
   는 도구를 올린다.

3. 글래스 위에 커피를 담은 필터를 올리고
   뜨거운 물을 조금 붓고 뚜껑을 덮고 20
   ~30초 정도 기다린다. 그 후 필터 가득
   히 뜨거운 물을 한번에 따르고 커피가
   내려지는 것을 기다린다.

4. 글래스에 커피가 다 내려지면 필터를 뺀
   다.

5. 농축 밀크를 넣는 경우, 먼저 글래스에
   밀크를 넣어둔다.

6. 밀크가 들어간 글래스에 앞에서와 동일
   한 방법으로 물을 따르고 추출한다.

바게트 샌드위치와 함께 하는 인도차이나의 커피타임

베트남, 캄보디아, 라오스 등의 인도차이나 나라들은, 프랑스의 식민지 시
대에 커피가 전해졌다. 그 때문에 커피 자체가 오래 볶기의 프렌치 스타일이
다. 뿐만 아니라, 커피타임에 곁들이는 것도 프랑스식이다.

시장에서는 막 구운 바게트와 햄, 야채를 채운 바게트 샌드위치를 팔고 있
는 모습을 흔히 볼 수 있다. 카페의 대표 메뉴도 바게트 샌드위치이다.

가격이 저렴하고 간편한 아침식사·점심식사 메뉴에도 있으며, 아침 출근시와 점심시간에 시장과 노점에서 바게트 샌드위치를 테이크 아웃하는 사람들을 많이 볼 수 있다.

18 더치 커피
Dutch Coffee

물을 이용한 커피인데, 곱게 간 커피에 물을 첨가하여 장시간에 걸쳐 떨어뜨리는 커피를 더치 커피라 부른다.

'네덜란드인의(더치) 커피'. 물을 떨어뜨려 만드는 커피로 네덜란드 사람들이 자주 마신다는 것이 아니라, 네덜란드령 시대의 인도네시아에서 고안되었기 때문에 붙여진 명칭이다. 당시의 인도네시아산 커피는 대부분이 로부스타종이고, 드립식으로 추출한 것은 쓴맛이 너무 강하기 때문에, 어떻게 해서든 마실 수 있도록, 물을 이용하여 장시간에 걸쳐 추출하는 방법이 고안되었다.

현재의 더치 커피의 원리는, 물탱크 아래에 오래 볶은 커피가루를 세트하고, 링거액처럼 일정한 리듬으로 쉼틈없이 물을 떨어뜨려 추출한다. 1초에 한 방울씩 떨어뜨리므로, 여러 사람분을 추출하기 위해서는 약 6~7시간이 걸린다. 쓴맛은 고온에서는 강하게 나오기 때문에, 물 침출은 로부스타종 특유의 강한 쓴맛을 없애는 좋은 방법이다.

현대의 더치 커피는 아라비카종 양질의 신선한 원두를 사용하여, 그 섬세한 풍미를 살려 만들 수 있다. 커피원두의 좋은 특징과 나쁜 특징 모두를 이끌어내는 방법이라고 하는 더치 커피는 커피애호가들에게 '단맛'을 맛볼 수 있는 유일한 커피이다.

더치 커피를 간편하게 만들 수 있는 기기

전문적인 더치 커피의 기기. 링거액처럼 물을 떨어뜨려,
7시간 걸려 커피를 추출한다(카리타제).

19 아이스 커피
Ice Coffee
추출 후에 차게 한 커피와 물로 내리는 등, 차가운 커피의 총칭.

차가운 커피의 맛은 별미이다. 여러 가지 맛의 차가운 커피는 여름에 마시기 좋은 음료이다. 이탈리아에서는 한여름의 칼라브리아(남부에 위치한 산악지대)에서 샘솟는 샘물만큼 신선하게 느껴지는 그라니타 디 카페(granita di caffé)를 마신다. 그라니타 디 카페는 잘게 분쇄한 얼음 위에 커피를 부은 다음 취향에 따라 파나(생크림)를 표면에 얹은 차가운 커피이다.

시칠리아 사람들은 겨울에도 아침식사로 브리오슈 빵과 함께 생크림을 얹은 그라니타 디 파나를 마신다. 이탈리아 사람들은 카페 프레도 샤케레토(caffé freddo shakereto) 또한 즐겨 마신다. 카페 프레도 샤케레토는 에스프레소와 설탕, 아이스크림을 셰이크로 잘 섞어서 생크림처럼 만든 다음 큰 유리잔에 따라 마시는 커피이다.

여름에 빼어놓을 수 없는 아이스 커피는 구미에서보다 한국이나 일본에서 오래전부터 친숙해져온 음료이다.

아이스 커피에는 오래 볶은 원두가 적합하다.

뜨겁게 마시는 커피를 차게 하여도 맛있는 아이스 커피가 되지 않고 뜨거운 커피의 온도를 서서히 내려가면 하얗게 탁해진다(크림다운현상). 맛있고 깨끗한 색의 아이스 커피를 만들기 위해서는, 2가지의 포인트가 있다. 차게 해서 마시기에 적절한 오래 볶은 원두를 사용하고 크림다운을 방지하기 위해, 급냉시킨다.

• 아이스 커피 만들기

따뜻한 커피에 비해 향은 적지만 시원하고 감칠맛 나는 아이스 커피 한 잔이면 한여름 더위를 식히기에 충분하다. 아이스 커피의 매력은 차갑고도 약간 쌉쓰레한 뒷맛이다.

재료
에스프레소, 얼음, 물

만드는 법
1. 컵에 얼음을 가득 채워 담는다.
2. 에스프레소를 추출하여 붓는다.
3. 물 50ml 정도를 부어 농도를 맞춘다.
   취향에 따라 설탕시럽과 액상크림을 넣어 즐기면 된다.
   액상크림은 마시기 직전에 넣는데, 크림이 아래로 흘러내리며 천천히 혼합되는 맛을 즐기고 싶으면 젓지 말고 그냥 마신다.

아이스 커피를 만드는 2가지 방법

① 추출과 동시에 차게 하는 방법

얼음이 들어있는 그릇에 추출되었으면, 바로 걸러 얼음물이나 냉장고에서 더욱 차게 한다. 또는 통상의 방법으로 추출하여 얼음이 들어있는 용기에 담아 급냉한다.

② 물에 커피가루를 녹여 차게 하는 방법

커피가루를 물에 녹여, 냉장고에 4~6시간 넣어 차게 한 후 추출한다. 적정한 농도로 추출되었으면, 그대로 드립퍼로 거른다.

20 크림다운현상

커피에 포함되어 있는 탄닌이 온도가 내려감에 따라, 카페인과 결합하여 결정화하는 현상으로, 맛에는 영향이 없다. 이를 방지하기 위해서는, 뜨거울 때에 소량의 설탕을 넣거나 급냉한다.

21 커피 메이커
Coffee Maker

레귤러 커피나 에스프레소를 자동추출하는 전기기구.
제분기와 정수기가 부착되어 있는 것도 있다.

순식간에 맛있는 커피를 즐길 수 있는 기구는 커피 메이커라 할 수 있다. 최근에는 잡지 크기이면서도 업무용과 같은 9기압으로 추출할 수 있는 에스프레소 메이커도 시판되어 있다. 사용이 간편하면서도 디자인이 다양한 커피 메이커들이 속속 출시되고 있다.

90℃ 이상의 물만을 감지하는 바이메탈 기능으로, 첫잔부터 맛있는 커피를 마실 수 있다. 종이필터와 커피를 세트하기 편리한 스윙필터 기능도 있다(플레비아 미니/메리타).

크게 나누어 레귤러용, 에스프레스용과 두 가지 모두 만들 수 있는 것의 3 종류가 있다.

레귤러용으로는 바로 갈아 향기를 즐길 수 있도록, 전동 제분기가 달린 것이 일시적으로 대유행이었지만, 현재는 정수기능이 달린 것이 인기를 얻고 있다. 더우기 최근에는 샤워드립이라 하여 물이 떨어지는 포인트를 중앙 한 곳에 집중시키지 않고, 가루가 잘 부풀어오르도록 설계되어 있는 것이 주목 받고 있다.

사전에 물길을 따뜻하게 하고, 최적의 수온만을 감지하는 바이메탈 기능이 부착되어 있다. 보온포트도 물이 줄어들지 않고 풍미를 유지하도록 설계되어 있다.(아로마 사모 5/메리타)

소규모의 사무실이나 접객용으로 최적인 타입이다. 포트로 따르는 번거로움을 없애고, 컵을 들고 푸시 레버를 밀면 커피가 나온다. 활성탄의 정수필터로 살균냄새를 완전히 제거해준다(커피스테이션 프로/메리타).

기본적인 기능에 추가하여 우유거품을 낼 수 있는 스팀기능과 투명서버로 추출하는 모습을 볼 수 있는 것 등 부대기능은 다양하다. 포트전용의 머신도 나와 있기 때문에, 별다른 테크닉이나 불편함은 거의 없다.

제3의 타입으로 레귤러 커피와 에스프레소 모두를 만들 수 있는 타입도 있다. 가격대도 의외로 저렴하며, 가정에서 사용하면 카페 기분을 즐길 수 있다. 사용되는 용도가 한정된 커피 메이커도 있다. 사무실 등에서는 보물로 여기는 서버와 포트가 없이, 컵으로 받을 수 있는 타입 등은 그 좋은 예이다.

|커|피|+|α|의|즐|거|움|

커피의 맛을 결정하는 조건에는 여러 가지가 있을 수 있으나, 보통 다음과 같은 6가지 조건을 제시하고 있다.

① 생두의 양부(Green Coffee) : 산출지, 성장과정 등의 상태는 어떠한가

② 배전 볶음(Roast) : 좋은 생두를 적절하게 볶아냈는가

③ 배합(Blend) : 콩의 개성에 맞게 잘 섞었는가

④ 분쇄(Grind) : 입자의 크기가 일정하고 적합한가

⑤ 액체(Liquid) : 액체로 만들어내는 기술은 정확한가

⑥ 부재료 : 첨가되는 부재료가 완전하고 양질인가

● 커피 맛의 정의

적당한 산미에, 쓴맛과 단맛 그리고 커피를 마시고도 오래 지속되는 향

산미

보통 신맛으로 표현하는데, 잘 익은 과일을 한입 깨물 때 느끼는 상쾌감.

〈좋은 산미의 예〉

- 에티오피아 커피를 약하게 볶았을 때

- 케냐 커피를 중간정도 볶을 때

- 과테말라 커피를 너무 강하지 않게 볶을 때

쓴맛

커피의 쓴맛은 너무 오래 지속되는 불쾌감은 좋지 않고, 강하고 짧게 끊어지는 쓴맛이 좋다.

〈좋은 쓴맛의 예〉

- 인도네시아 커피를 중간 이상 볶았을 때
- 탄자니아 커피를 강하게 볶을 때

단맛

커피 단맛은 설탕처럼 느끼는 것이 아니라 아련하게 느껴지는 뒷맛으로, 브라질 커피나 연하게 추출한 커피에서 잘 느낌.

향기

커피향이 목으로 넘어가고 난 뒤에도 코를 통해 오랫동안 느껴지는 것이 좋다. 이것을 finish라 한다.

Body

감칠맛이라고 표현하는데, 혀를 감싸는 맛이다.

01 커피 맛을 더해 주는 부재료와 소도구

• 부재료

커피음료의 주체는 커피원두인데, 엄선된 생두를 알맞게 볶아 낸 다음 적당한 크기로 분쇄해 놓았을 때 은은히 퍼지는 커피향기는 그것만으로도 마음을 풍요롭게 해 준다. 원두커피는 뜨거운 물을 사용해 추출했을 때 비로소 기호음료가 완성된다. 커피는 각 개인의 취향에 따라 여러 가지 부재료를 첨가할 수 있다.

커피에 달콤한 맛을 더해 주기 위해 설탕을 첨가하거나 우유 또는 생크림, 혹은 커피에 버터를 넣어 유제품 특유의 부드럽고 고소한 맛을 강화시키며, 갖가지 향신료를 첨가해 다양한 맛을 만들고, 알코올 함량이 높은 술을 몇 방울 떨어뜨려 커피와 술의 향기가 서로 어우러지게 할 수도 있다.

물

커피음료는 99%가 물이고, 나머지 1%에 커피 추출물과 여러 가지 향기물질, 그리고 맛을 좌우하는 성분들이 있다.

물만큼 많은 물질을 녹일 수 있는 물질은 없다. 따라서 자연계에 존재하는 물은 주변의 많은 유기물과 무기물을 함유하고 있다. 이같은 물질이 들어 있지 않은 순수한 물이 증류수이다. 커피음료를 만들 때 유기물질이 많이 함유된 물을 사용해선 안 된다. 이같은 물은 위생상으로도 좋지 않을 뿐 아니라, 물에서 나는 이취 때문에 커피의 맛도 떨어뜨린다.

수돗물은 소독과정에 사용된 염소에서 강한 냄새가 나기 때문에 언제나 끓여서 사용해야 한다. 유리염소는 색과 향기를 나쁘게 하는데, 끓이는 것만으로 냄새를 완전히 제거할 수 없을 경우에는 정수기를 사용하는 것이 좋다. 또한 빌딩에서는 보통 물탱크에 물을 일단 저장해 놓았다가 사용하기 때문에 이런 경우에는 사용할 물을 하루 전에 받아놓아 침전시킨 후 윗물만 사용하는 것이 좋다.

감미료

커피에 설탕을 넣는 관습은 프랑스 루이 14세 시대 왕궁의 여자들에 의해서 비롯되었다. 설탕을 넣으면 커피의 쓴맛이 감소될 뿐만 아니라 카페인과 함께 피로를 회복시킨다. 그러나 설탕을 넣으면 커피의 맛과 향이 흐려지기 때문에 설탕 넣는 것을 좋아하지 않는 사람도 많다. 흑설탕은 회분 등이 함유되어 있어 특유의 향기를 갖고 있기 때문에 진한 단맛이나 감칠맛을 내고 싶을 때 사용한다. 백설탕은 단맛 바로 그 자체이기 때문에 커피나 홍차 등의 본래 맛을 크게 손상시키지 않는다.

이 외에도 감미료로 사용되고 있는 것 중에는 이성화당[1]과 벌꿀이 있다. 이성화당은 상쾌한 단맛을 가지고 있어 아이스 커피용 시럽으로 사용하면 아주 좋은 효과를 볼 수 있다. 순수한 벌꿀은 채집된 밀원에 따라서 향기가 다르다.

유제품

커피에 사용되는 유제품으로는 우유, 크림, 버터 등이 있다. 그 중 우유에 함유된 탄수화물인 유당은 단맛을 내며 우유 단백질, 지방 등과 함께 입안의 촉감을 좋게 한다. 신선한 우유의 향기는 아세톤, 메틸케톤류, 아세트알데히드, 디메틸설파이드, 락톤, 저급지방산 등에서 기인한다. 우유를 이용한 커피 메뉴 중 대표적인 것이 카페오레다. 이것은 밀크커피를 의미하는 것으로 모닝 커피, 아메리카 커피 등 여러 가지로 이용할 수 있다.

우유만을 사용하면 너무 묽기 때문에 먼저 따뜻한 우유에 크림을 섞어 사용하면 더 진한 커피를 맛볼 수 있다. 유제품은 커피의 맛을 한층 더 고소하고 부드럽게 해준다.

커피에 사용되는 크림은 유지방, 식물성 지방, 유지방과 식물성 지방을 혼합하여 놓은 것 등이 있다. 커피에 크림을 넣으면 고소하고 부드러운 맛이 강해지기 때문에 아메리칸 스타일에 많이 사용한다.

커피의 원산지인 에티오피아에서는 소금과 버터를 맛보면서 커피를 마시는

---

1) 이성화당 : 이성질화당, 당류의 화학적 형태를 이성질화한 것. 원료는 포도당액 또는 설탕액을 가수분해한 액을 사용하며, 여기에 이성질화 효소를 작용시켜 과당(fructose)을 증가시킨 것이다. 과당은 포도당이나 설탕보다 감미도가 강하고 단맛이 좋다. 청량음료수와 통조림한 당액, 냉과류 젤리 및 과자류에 이용됨.

풍습이 있다. 버터를 넣는 커피는 프렌치 로스팅 정도로 강하게 볶은 것을 사용한다. 또한 향 커피가 유행하고 있는 가운데 크림에 향이 가미된 향 크림도 인기가 높다.

양주2)

커피에 술을 첨가하는 것은 맛과 향기를 좋게 하기 위해서이다. 즐기는 대상이 커피일 경우 커피에 넣는 술의 양이 지나치게 많으면 커피맛보다 술맛이 더 강하게 되어 좋지 않다. 경우에 따라서 술에 커피를 약간 가미해 칵테일 형태로 즐길 수도 있다.

커피에 위스키의 향이 은은히 흘러 나오는 것으로 유명한 아이리시 커피는 한잔의 뜨거운 커피에 위스키를 타 그 향기와 맛을 즐기는 칵테일성 커피이다. 이 커피 스타일은 아일랜드 더블린 공항에서 급유를 기다리는 여행객들이 북해에서 불어오는 차가운 바람으로 인해 얼어붙은 몸을 녹이기 위해 커피에 위스키를 첨가해 즐기기 시작한 것으로, 그 후 일반인들에게 널리 퍼지게 되었다.

향신료

향신료는 커피에 향미를 더하는 것으로 식물의 꽃, 열매, 싹, 나무껍질, 뿌리, 잎 등을 말한다. 이밖에도 소화기관을 자극하여 소화를 돕고 방부작용과 약리작용을 한다.

커피에 주로 사용되는 향신료는 계피, 올스파이스, 너트맥, 박하, 생강 등이다. 향신료는 원두커피와 함께 분쇄기에 넣어 분쇄한 다음 추출하는 것이 바람직하다. 최근에서 화학 향신료가 200여 가지나 발달되어 다양한 향으로 커피 본래의 맛을 잃어버리고 커피보다 향에 의존해 마시는 경우도 있다.

---

2) 양주(洋酒) : 서양에서 들어온 술, 또는 서양의 양조법에 따라 빚은 술(위스키, 브랜디, 보드카 등).

달걀

우리나라에서 모닝커피에 달걀 노른자위를 넣어 주던 때가 있었다. 이처럼 커피에 달걀을 넣거나 노른자 및 흰자를 거품내어 넣기도 한다. 뜨거운 커피에 넣을 때는 덩어리가 지지 않도록 조심한다.

아이스크림

커피에 사용하는 아이스크림은 바닐라 아이스크림이 적합하다. 그 이유는 부드러운 베이지색과 은은하게 풍기는 바닐라 향기가 다른 어떤 것과도 잘 어울리기 때문이다. 커피잔은 커다란 유리잔을 사용하고 그 위에 아이스크림을 띄워 놓는다.

젤라틴

젤라틴은 동물의 연골조직 성분인 콜라겐이 열에 의해 변성된 것이다. 동물성 단백질이기 때문에 처리과정이 잘못되었을 경우에는 냄새가 날 수 있으므로 주의한다. 젤라틴은 커피젤리를 만드는 데 사용한다. 분말과 판상제품이 있는데, 일반적으로 판상제품이 더 좋다.

초콜릿

초콜릿은 열대 아메리카가 원산지인 카카오나무의 열매에서 추출한 코코아와 카카오와 버터, 설탕, 유제품 등을 가지고 만든다. 음료용으로는 코코아 분말을 사용한다. 커피에는 초콜릿이나 초콜릿 시럽을 넣을 수 있는데, 보통 시럽을 많이 사용한다. 초콜릿을 넣은 커피로는 카페모카가 유명하다.

각국의 원두커피 시장현황

구분 나라	원두커피비율 (%)	인스턴트커피비율 (%)
미 국	87	13
일 본	55	45
독 일	87	13
네덜란드	99	1
스 페 인	80	20
스 웨 덴	95	5
프 랑 스	93	7
한 국	10	90

● 소도구

지금까지 가정에서 마시는 커피는 대개 인스턴트 커피였으므로 커피잔과 주전자만 있으면 되었다. 그러나 해외여행 붐이 일어나고, 88올림픽이 치러진 후 유럽으로부터 들어온 원두커피가 국내에서 유행되기 시작하였다.

인스턴트 커피는 뜨거운 물만 부으면 되었지만 원두커피의 경우는 여러 가지 소도구가 필요하다. 다소 손이 많이 가는 번거로움이 있지만 자기가 원하는 맛을 즐길 수 있는 장점이 있다. 그러기 위해서는 볶은 원두를 가루로 갈고 추출해 따라 마실 수 있는 분쇄기, 추출기, 커피잔 등이 필요하다.

02

커피 슈가
Coffee Sugar
사탕에 캬라멜 용액을 첨가하여 차갈색으로 만든 것.
커피에 적합한 설탕으로 상품화되어 있다.

바로 볶은 상급품의 원두로 만든 커피는 커피 본래의 맛을 느낄 수 있기 때문에 설탕과 밀크를 첨가하지 않고 마셔야 한다고 프로들은 말한다. 커피를 좋아하는 사람 가운데에도 쓴맛을 억제하기 위해 설탕을 사용하는 사람들이 많다. 맛에 방해가 되기도 하기 때문에, 설탕 선택에는 신경을 써야 한다.

커피 슈가는 천천히 녹는 것이 특징. 단맛의 변화를 즐길 수 있다.

커피 본래의 향, 풍미를 잃지 않는다는 점에서는, 담백한 단맛이 나는 정제된 흰색의 굵은 설탕이나 얼음설탕이 적합하다. 분량을 조절하기 쉽다는 점을 감안한다면 정제설탕이 실용적이다.

반대로 커피에 적합하지 않은 설탕은, 정제되지 않은 흑설탕과 갈색설탕이다. 특유의 강한 풍미가 커피의 풍미를 없애기 때문에 부적합하다. '커피 슈가'의 이름으로 시판되고 있는 것은, 얼음설탕에 캬라멜 용액을 첨가하여 차갈색으로 만든 것이기 때문에, 보기와는 달리 백설탕에 가깝다. 또한 완전히 정제되지 않은 브라운 슈가계열도, 비교적 담백한 경우가 있다.

아이스 커피에 많이 사용되는 검은 시럽(물설탕)은 설탕을 물에 녹인 것이기 때문에, 풍미면에서는 백설탕과 거의 동일하다. 과거에는 설탕의 결정화를 방지하기 위해 식물의 줄기에서 채취되는 '아라비아 검'을 넣어 판매되었기 때문에 '검 시럽'이라는 이름으로 불리게 되었다.

정제당

커피에 넣기에는 최적인 설탕이다. 백색의 굵은 설탕의 일종인데, 사탕수수에서 채취한 액을 여러 번에 걸쳐 정제한 후의 결정체만으로 만들어진 설탕으로 물에 잘 녹는다. 잡맛이 없는 담백한 단맛 때문에, 커피의 풍미를 잃는 일은 없다.

백설탕

정제당에 이어 커피에 적합한 설탕으로 정제 정도는 정제당과 다르지 않기 때문에, 맛에서는 커피의 풍미를 잃는 일은 없다. 잘 녹는 것도 같은 정도이다. 넣는 분량을 조절하기가 어렵다.

브라운 슈가

지중해산의 커피용 각설탕. 정제 정도는 백설탕보다 못하다. 당분 특유의 깊은 맛을 느끼지 못한다. 잘 녹고 단맛이 부드럽기 때문에, 커피나 홍차에 적합한 설탕이다. 각설탕과 비슷한 덩어리로 부서지기 쉽지만, 분량 조절은 쉽다.

갈색설탕

커피에 맞지 않는 설탕이다. 정제당과 백설탕을 제조한 후에 남은 설탕을 사용하여 만든다. 깊이가 있는 단맛과 독특한 풍미를 지니고 있기 때문에, 커피의 풍미를 잃는다.

흑설탕

커피에는 적합하지 않다. 결정체와 당분을 나누지 않고, 사탕수수의 채취액을 그대로 쪄서 설탕으로 만든 것으로 진한 단맛과 강한 풍미가 있다. 분량을 조절하는 것도 쉽지 않다. 어렌지 커피에 사용하려는 시도도 있지만, 커피 본래의 풍미는 살릴 수 없다.

03 어렌지 커피
Arranged Coffee
커피에 우유나 생밀크, 초콜릿, 과즙, 시럽, 리쿼어 등을 첨가하여 만드는 메뉴들을 말한다.

어렌지 커피의 메뉴는 한층 다양화되고, 커피를 더욱 친숙한 것으로 만들고 있다.

어렌지 커피의 '기원'은 세계 각지에서 찾아볼 수 있다. 첫째로 커피의 발생지 에티오피아식 커피에 생강 등의 향신료와 설탕을 첨가하는 것이 본고장 모카 커피의 전통적인 방식이다.

루이 14세 시대에 터키식 커피가 전해진 프랑스의 루이 15세 시대에 커피는 상류사회의 상징적 아이템이 되었다. 연일 살롱이 열리고, 여기에서 마시기 시작한 것이 설탕과 우유가 들어간 커피로, 카페 오레의 원형이었다. 어렌지 커피는 현대의 것이 아니라, 아인슈펜나(비엔나 커피)는 19세기 중반 비엔나에서 이미 많이 마시고 있었다.

18세기 당시 프랑스의 신사숙녀에게 인기의 대상이었던 커피였지만, 실제로는 유럽 일대에서 커피는 건강을 해치는 것이라는 미신이 뿌리깊었다. 특히 남성은 정력감퇴로 이어진다고 생각했고, 이를 커버하기 위해 우유를 첨가해, '중화'하려고 했다고 전해지고 있다.

어렌지 커피에 밀크를 첨가한 것이 많은 것은, 미신극복 때문이다.

커피에 계피나 생강을 첨가한 어렌지 커피. 여기에 밀크를 첨가해도 좋다. 생강은 으깨서 커피 가루에 섞어 추출한다.

04 카페오레

프랑스어로 '커피와 밀크'라는 뜻이다. 오래 볶은 커피와 뜨거운 밀크를 반씩 동시에 따른 음료이다. 프랑스의 아침식사에서는 빼놓을 수 없다. 머그컵이나 손잡이가 없는 사발로 마신다. 프랑스 빵을 적셔가며 먹는 광경도 자주 볼 수 있다.

이탈리아에서 라떼를 주문하면 우유만 준다. 물론 카페는 커피를 뜻한다. 결국 카페라떼는 커피우유를 뜻하는 말이다. 오레는 프랑스어로 '우유를 첨가하다'라는 뜻이다. 결국 카페오레 또한 카페라떼처럼 커피우유를 뜻한다. 하지만 엄밀한 의미에서는 카페라떼와 카페오레는 약간 다른 의

미를 가진다.

이탈리아에서의 카페는 가압식 추출방식인 에스프레소식으로 추출한 커피의 의미가 강하고, 프랑스에서는 핸드드립식으로 내리는 커피의 의미가 강하다. 즉, 카페라떼는 약 30mm의 에스프레소식으로 내린 커피에 약 120mm의 우유를 넣은 것이고, 카페오레는 핸드드립식으로 내린 약 120mm의 커피에 약 120mm 이상의 우유를 넣은 메뉴로 프랑스식 아침식사에 어울리는 메뉴라 할 수 있겠다. 하지만 요즈음은 프랑스도 에스프레소식의 커피가 대세이다. 따라서 카페라떼나 카페오레를 같은 의미로 사용하여도 무방하다.

05 아인슈펜나

독일어로 '일두마차'라는 뜻인데 18세기 이후 카페문화가 꽃이 핀 빈을 대표하는 어렌지 커피이다. 카페에서 살고 있는 주인을 기다리는 동안, 상인들이 몸을 따뜻하게 하기 위해 마셨다고 하는 크림이 들어간 커피를 말한다.

06 카푸치노
Cappucino
이탈리아식의 오래 볶은 커피에 거품을 낸 우유를 첨가하고, 코코아 가루와 계피 슈가를 뿌린 메뉴.

이탈리아에서 커피라 하면 에스프레소이고, 부드러운 것을 즐기고 싶어 하는 사람은 카푸치노이다. 메뉴는 이 2가지뿐이라는 고집스러운 커피점도 적지 않다.

본고장 이탈리아에서 카푸치노는, 에스프레소 커피에 거품을 낸 밀크만을 첨가한 것이거나, 여기에 코코아 가루를 뿌린 것이다. 코코아 가루를 밀크보다 먼저 뿌려, 모양을 낸 디자인 카푸치노를 제공하는 곳도 있다.

90년대 이전에 일본에 전해진 카푸치노에는 계피 스틱이 딸려있거나, 계피 가루가 뿌려져 있었다. 이것은 당초 일본에서는 아메리카풍의 카푸치노가 전해졌기 때문이라고 한다. 뉴욕에서 카푸치노에 계피 슈가가 추가되고, 때로는 계피 스틱이 첨가되었다.

마찬가지로 이탈리아의 어렌지 커피가, 미국에서 한층더 어렌지된 메뉴가 카페 모카이다. 카푸치노에 초콜릿 시럽을 추가하고, 코코아 가루를 토핑하고 있다. 모카 자바, 모카치노 등 모카=초콜렛 플러스라는 의미로 메뉴의 이름이 되었다.

'모카'란 잘 알려진 에티오피아와 예멘산(예멘항 선적도 포함) 커피의 상품명으로 과일맛의 섬세한 풍미로 알려져 있지만, 이 모카 커피에는 초콜릿과 비슷한 풍미가 있기 때문에 초콜릿이 들어간 커피에 '모카'라는 이름을 붙였다고도 한다.

또한 '카페라테'도 이탈리아에서는 찾아볼 수 없다. 프랑스의 카페오레를 본따, 이탈리아어의 단어로 만든 카페 콘 라테(caffe con latte : 밀크가 들어간 커피)의 '카페'와 '라테'를 붙인 합성어로, 미국의 발상이라고 한다.

카푸치노

오래 볶은 커피 100cc＋거품우유 60cc＋계피 슈가 약간

Tip 계피 가루는, 계피 가루와 정제당을 1:3으로 섞은 것.

향긋하고 부드러운 거품우유

카푸치노는 에스프레소의 풍미를 부드러운 거품우유와 함께 즐기는 대표적인 커피이다. 상냥한 성품을 지닌 사람을 일컫는 별칭으로 쓰일 정도로 향긋하고 부드러운 맛이 특징이며, 여성들에게 특히 인기가 높다.

재료

에스프레소, 우유, 기호에 따라 코코아 또는 계피 가루 추가

만드는 법

1. 스팀을 이용해서 우유를 거품 낸다.
2. 에스프레소를 추출한다.
3. 데운 우유 150ml를 에스프레소에 붓는다.
4. 우유거품을 컵이 거의 찰 정도로 붓는다.
5. 코코아 또는 계피 가루를 살짝 뿌려준다.(설탕을 눈처럼 커피 위에 살살 뿌린 후 마시면 더욱 맛있다.)

07 크림 커피
Crème

크렘므(Crème), 카페 크렘므(Café crème), 프티 크렘므(Petit Crème) 또는 누아제트(Noisette)라고 부르는 크림 커피는 프랑스의 카페에서 가장 흔히 볼 수 있는 커피 중의 하나이다.

크림 커피는 일반적으로 에스프레소에 증기로 데운 우유를 약간 섞은 커피를 말한다. 하지만 정통 크림 커피는 진짜 크림으로 만든 것으로, 오스트리아의 카푸치노와 비슷하다. 크림이 들어가지 않은 프랑스식 크림 커피는 증기를 이용하여 미리 데워서 거품을 낸 우유에 한 줌의 카카오를 뿌려 만든 이탈리아의 카푸치노와 비슷하다.

카푸치노는 에스프레소에 거품을 따로 걷어낸 우유를 부은 후에 우유 거품을 음료의 표면에 살짝 올려놓은 것이다. 카페의 가르송에 따라 카푸치노의 거품은 아름다운 그림을 연출하기도 한다. 카푸치노에 입술을 대는 순간에는 황홀함을 느낄 수 있다. 무엇과도 비교할 수 없을 정도로 진하고 부드러운 감촉의 카푸치노는 최고의 카페오레('우유' 항목 참조)라고 할 수 있다.

크림 커피는 이탈리아의 카페 콘파냐에서 아일랜드의 아이리시 커피에 이르기까지 아주 다양하고, 어떠한 방식으로 만들어도 특별한 부드러움을 지니고 있다.

09 카페 모카
Mocha Coffee(사진은 아이스 커피)

오래 볶은 커피 100~120cc+거품우유 40cc+초콜릿 시럽 20cc+거품크림 20cc+코코아 가루(코코아 슈가도 가능)

향긋하고 부드러운 거품우유

모카[3]는 원래 커피를 수출하던 예멘의 항구 이름이지만 이제 초콜릿과 함께 하는 커피의 대명사가 되었다. 초콜릿은 커피와 함께 즐기는 인기 있는 간식의 하나로 커피와 맛과 향이 잘 어울린다. 향긋하고 독특하고 초코향과 커피의 은은함이 멋진 조화를 이루는 커피이다.

재료

에스프레소, 초코시럽, 우유, 휘핑크림, 초콜릿 가루

만드는 법

1. 우유를 데운다.
2. 초코시럽 5ml를 컵에 넣는다.
3. 에스프레소를 추출하여 컵에 붓는다.
4. 데운 우유 150ml를 붓는다.
5. 휘핑크림을 얹고 초콜릿 가루나 시럽을 뿌려준다.

---

3) 모카에는 첫 번째, 커피라는 의미와 두번째 초콜릿이란 의미, 세번째 지명으로서의 의미, 네번째 에티오피아와 예멘 커피라는 의미를 동시에 가지고 있다. 모카는 원래 예멘 남부 지방의 항구다. 수백년간 이슬람의 모든 커피들이 모카항에서 유럽 쪽으로 독점적으로 수출하였다. 그래서 에티오피아와 예멘 커피는 모카라는 이름으로 불리게 된 것이다. 또한 우리가 즐겨먹는 카페모카에서 모카는 초콜릿을 뜻한다. 옛날 모카항에서 수출된 모카커피에서는 초콜릿향이 났다. 좋은 모카커피에서는 초콜릿향이 진하게 난다. 그래서 카페모카에서의 모카는 초콜릿이라는 의미로 사용된 것이다.

09 모카치노

오래 볶은 커피 120cc＋초콜릿 시럽 20~30cc＋거품크림 20cc＋깎은 초콜릿 적당량＋계피 스틱

폼드 밀크

10 Formed Milk

거품기나 머신 등을 사용하여 거품을 낸 우유.
어렌지 커피에는 빼어놓을 수 없는 재료가 된다.

카푸치노를 비롯한 어렌지 커피의 맛을 좌우하는 것이 거품우유이다. 커피와 밀크 두 가지의 풍미를 잃지 않고 폭신감을 즐기기 위해서는 2가지의 조건이 필요하다.

첫번째 조건은 우유의 선택이다. 유럽과 같이 저온살균우유를 사용하는 것이 좋다. 두번째 조건은 적정 온도이다. 우유는 60℃ 전후의 상태에서 단시간에 한번에 휘저어 뒤섞으면, 아주 고운 탄력성이 있는 거품이 생긴다. 증기를 분출하는 노즐이 달린 에스프레소 메이커나, 전지식 밀크 포머도 시판되고 있지만, 냄비와 거품기 등 부엌용품으로도 간단하게 거품을 낼 수 있다.

핫, 아이스 모두 밀크를 먼저 커피를 나중에 가만히 따른다. 디자인 카푸치노는 순서가 반대이다. 아이스의 경우는 밀크 위에 나와 있는 얼음 위로 따른다.

저온살균우유

11

63~65℃에서 30분 멸균한 우유는, 많이 시판되고 있는 고온살균 타입(120℃ 이상에서 2초)과 달리, 지방구를 분쇄시키지 않기 때문에, 밀크 특유의 냄새와 입안에서의 끈적거림이 없다.

[순서]

1. 밀크 포머를 용기와 뚜껑을 분리하고,
   우유를 60℃ 전후로 데워둔다.

2. 스틱을 빠르게 상하로 움직여 우유거품
   을 낸다. 거품상태를 확인한다.

3. 거품을 포함한 총량이, 최초의 2배 정도
   로 부풀어오르면 OK.

4. 우유를 컵에 가만히 따르고 커피를 따른
   후, 용기에 남은 거품을 스푼으로 떠서
   담는다.

한쪽 손잡이가 달린 냄비나 우유
팬에 우유를 담아 불에 올린다.
희미하게 수증기가 나면(60℃
전후이다), 신속하게 거품기로
젓는다.

● 디자인 카푸치노 만들기

〈1잔분〉
에스프레소 70ml, 폼드 밀크 70ml, 코코아 가루 약간

[아트를 만드는 법]

1. 에스프레소 커피를 컵에 따르고, 위에서
   코코아 가루를 뿌린다.

2. 컵을 약간 기울이고 단번에 밀크를 따른
   다.

3. 전체가 70% 정도 되었을 때, 가운데를 가르듯이 밀크 피처를 움직이면 하트형
   이 된다.

   Tip 위에 다시 이쑤시개 끝으로, 코코아 가루를 묻혀 밀크의 흰 부분에 그림
   이나 글씨를 그릴 수 있다.

[트리를 만드는 법]

1·2는 하트와 동일

3. 컵의 70% 정도가 되었을 때, 밀크 피처를 좌우로 흔들면서, 상하로 가르듯이
   따라간다.

디자인 카푸치노에 필요한
도구로서는 주둥이가 뾰족
한 밀크 저그가 있다.

12 홍콩커피
Hong Kong Coffee
홍콩에서 개발된 인기 메뉴. 홍차커피라고도 부르듯이, 홍차와 커피를 섞은
것.

홍콩은 음식의 천국으로 광동요리를 비롯한 중화요리는 말할 것도 없이,
구 영국령 자유무역항이라는 배경하에서, 세계의 식재료와 요리법이 다양하
게 발달되어 있다. 그 만큼 개성적인 메뉴도 많지만, 특히 독특한 예로써, 커
피와 홍차를 섞은 홍콩커피가 서민들의 음료로 정착되어 있다. 영국문화권에
있던 홍콩사람들이 커피와 홍차4)를 섞어 마시는 습관에서 유래한 이름이다.

---

4) 홍차 : 어린 찻잎을 따서 발효시킨 다음 건조한 것. 같은 식물의 잎으로 녹차와 홍차를 만

홍콩커피는 원앙차, 음양커피 등 다양하게 부르고 있는데, 길거리의 서민적인 식당에서는 당연시 여기는 메뉴이다. 만드는 방법에 있어서는 홍콩가게에 따라 다양하다.

잘 알려져 있는 방법은, 커피와 홍차를 카페오레와 같이 반반씩 넣고, 밀크를 첨가하거나, 플란넬 드립에 커피 가루를 넣고, 포트에서 홍차를 따라 추출하는 방법도 거리에서 볼 수 있다. 맛이 독특한데, 시럽을 적당히 넣어 마시면 풍미가 더 좋아진다.

최근에는 보기 힘들어진 홍콩커피의 노점. 물을 끓여 포트에 홍차를 만들어 놓고, 플란넬로 드립한다.

홍콩에는 옛날부터 인도네시아산의 커피원두와 말레이시아산, 인도산의 홍차가 있었다. 등급이 높지 않은 원두와 홍찻잎을 효과적으로 활용한 것이 홍콩커피이다. 그리고 동남아시아와 남아시아 일대에서, 음료에 즐겨 사용되는 분말우유가 홍콩커피에 첨가되는 것도 드문 일은 아니다.

___

들지만 홍차는 수확을 한 후에 발효시켜 찻잎 속의 산화효소작용으로 검게 변한다. 주로 일본, 중국, 스리랑카에서 생산됨.

홍콩커피는 분말우유를 섞어 마시는 경우가 많다. 사용되는 커피원두와 홍차의 찻잎에 바닐라 등의 풍미가 있는 경우도 많다.

• 어렌지 커피 레시피

특정 국가나 도시에서 만들어진 것부터, 국가나 마을을 이미지하여 만들어진 것까지, 다양한 어렌지 커피의 레시피는 다음 표와 같다.

어렌지 커피 레시피

국가	커피명	재료	주의사항
스페인	하니 카페 콘레체	오래 볶은 커피 80cc, 거품밀크 60cc, 꿀 20cc	꿀을 먼저 컵에 따르고, 밀크, 커피, 거품의 순으로 층이 생기도록 따른다.
오스트리아 독일	카이저 메란주	오래 볶은 커피 100cc, 달걀 1개(머랭 : 정제당 1작은술을 넣고 흰자위를 거품낸다)	먼저 머랭의 반을 컵에 넣고, 커피를 따른 다음, 나머지 머랭을 얹는다.
프랑스	카페 로얄	커피 150cc, 레몬이나 오렌지 껍질, 각설탕 1개, 브랜디 약간	스푼에 각설탕을 올려 브랜디에 적신 후 불을 붙이고, 녹으면 컵 안에 넣는다.

국가	커피명	재료	주의사항
아일랜드	아이리시 커피	커피 140cc, 굵은 설탕 1작은술, 아일리시 위스키 20cc, 크림 약간	굵은 설탕, 위스키, 커피, 크림의 순으로 층을 만들어 따른다.
자메이카	카페 카리프소	커피 140cc, 굵은 설탕 1작은술, 카루아 20ml, 럼 10ml, 크림 약간	굵은 설탕, 카루아, 럼, 커피, 크림의 순으로 층을 만들어 따른다.
이탈리아	카푸치노 로마노	에스프레소 100cc, 거품밀크 70cc, 레몬 껍질 약간	밀크, 커피, 거품의 순으로 층을 만들어 따르고 레몬 껍질을 토핑한다.
인도네시아	모카 자바	오래 볶은 커피 120cc, 초코시럽 20cc, 생&초코크림 각각 약간	초코시럽, 커피의 순으로 따른 후 위에 크림을 띄워 섞지 않고 마신다.
미국	카라멜 마끼아또	오래 볶은 커피 100cc, 거품밀크 70cc, 캬라멜 시럽 20cc	캬라멜 시럽, 밀크, 커피, 거품의 순으로 층을 만들어 따른다.
미국	모카 프로스티	아이스 커피 120cc, 초코시럽 20cc, 초코 아이스 20g, 얼음	커피와 초코 시럽을 섞어 얼음이 들어있는 글래스에 따르고 아이스크림을 올린다.
자메이카	바나나 모카 쿨러	아이스 커피 100cc, 초코시럽 20cc, 바나나 100g, 우유 40cc, 얼음	얼음 이외의 모든 재료를 믹서로 돌리고, 얼음을 넣은 글래스에 따른다.
프랑스	카페 알렉산더	아이스 커피 120cc, 카카오 리큐어, 브랜디 각 10cc, 생크림	리큐어, 브랜디, 커피의 순으로 따르고 위에 살짝 크림을 흘린다.
하와이	하와이안 커피	아이스 커피 150cc, 파인애플 쥬스 30cc, 파인애플, 바닐라 아이스크림 80g	커피와 파인애플 쥬스를 섞고, 아이스크림 파인애플을 올린다. 기호에 따라 시럽을 넣는다.

• 어렌지 커피 만들기

커피를 다양하게 어렌지 해보고 싶을 때에 간편하고 본격적인 커피 베이스를 조달할 수 있는 도구와 리키드 상품을 추천해 본다. 목적에 알맞게 잘 선택하여 활용한다.

캬라멜 시럽

커피용 시럽류는 과립을 녹여 사용하는 과자용에 비하여 훨씬 편리하고, 커피의 풍미를 잃지 않는다.

카세트 커피

가장 간편하게 만들 수 있는 드립커피. 많은 회사에서 발매되고 있으므로, 브랜드의 내용, 카세트의 형태로 좋아하는 것을 선택한다.

커피 프레스

커피 가루를 넣고 물을 따라, 잠시 두었다가 윗부분의 바를 눌러 커피를 거른다. 내부에 커피 가루가 남아있도록 연구되어 있다.

리키드 커피

무당, 미당, 가당 등의 타입으로 구분되어 있으므로, 어렌지 커피 메뉴에 따라 구분하여 사용할 수 있다. 브랜드의 내용도 다양하다.

13 향커피
Flavored Coffee

커피에 어떤 종류의 향료를 첨가한 커피. 오늘날에는 주로 커피 원두에 액체 상태의 인공 향시럽을 덮힌 것을 말한다.

커피를 즐기기 시작한 이래 사람들은 커피에 설탕, 우유, 버터, 치즈, 소금, 과일, 술, 계란, 견과류, 향신료, 초콜릿 등을 첨가하여 마셔왔다. 이런 과정에서 여러 가지 다양한 커피 메뉴가 개발되어 왔고 그 중에서도 설탕, 우유, 술과 함께 향 시럽을 첨가한 커피가 오늘날 많은 사람들이 즐기는 커피가 되었다.

70% 이상의 인류가 커피를 즐기게 될만큼 커피 산업이 거대해지면서 수많은 커피 회사들이 생겨났다. 이러한 수많은 커피회사들은 당연히 치열한 경쟁상황에 놓이게 되었다. 그러던 중 1970년대 초, 커피 생두의 가격이 폭등하게 된 것을 계기로 비교적 질이 낮은 저렴한 가격의 생두를 가지고 무언가 새로운 소위 튀는 상품의 개발이 필요했다.

인공향을 첨가한 향커피가 본격적으로 등장하게 된 것이다. 이와 같이 오늘날의 상업적 향커피는 근본적으로 "중저급의 커피 활용을 통한 원가절감과 상품의 다양성 추구"라는 명제에서 시작된 것이다. 그러다 보니 향커피의 원료가 되는 "인공향료, 인공향 시럽"이 우리가 기대하는 것만큼 훌륭한 것일 가능성은 당초부터 희박했을 것이라는 것은 쉽게 짐작할 수 있다. 인공향을 첨가한 향커피가 일부 계층에서 호응을 얻기는 했으나, 수백 년간 커피를 마셔온 사람들의 입맛을 바꾼다는 것은 불가능했다.

커피 회사들은 소비자의 입맛을 사로잡을 수 있는 고급스러운 향커피를 생산한 결과 이미 향커피는 나름대로의 수요층을 형성하고 있다.

향커피의 제조과정은 의외로 단순하다. 로스팅된 커피 원두에 적당량의 향시럽을 버무리듯이 섞어주는 것이다. 제조과정에서 중요한 것은 적당한 향시럽의 선택과 적절한 배합비율, 커피원두와의 배합시점과 배합된 향 시럽이 얼마나 적절히 커피원두 속으로 스며들어 갔는가 하는 것이다.

적절한 배합비율이란 "커피와 향의 배합비율"뿐만 아니라 "두 가지 이상의 향 시럽끼리의 배합 비율"도 의미한다. 즉, 커피에 첨가되는 향 시럽도 블렌딩한 향 시럽을 사용하기도 한다는 것이다. "초코 헤즐넛(Chocolate-Hazelnut)" 향 커피는 초콜릿 향 시럽과 헤즐넛 향 시럽을 블렌딩한 후 커피 원두와 버무린 것이다. 물론 이 배합비율은 제조자가 의도하는 향과 맛에 따라 결정된다. 커피와 향의 배합비율은 일반적으로 97 : 3이다. 즉, 100g의 향 커피 속에는 3g의 향 시럽이 들어간다.

14 블렌드 커피와 스트레이트 커피

스트레이트 커피(Straight Coffee)란 동일한 지역에서 생산된 동일한 종류, 동일한 등급의 커피 생두를 동일한 정도로 로스팅한 커피를 말한다.

※ 스트레이트 커피의 예 : 자메이카 블루마운틴, 하와이 코나 팬시, 콜롬비아 수푸리모, 과테말라 안티구아, 케냐 AA, 탄자니아 킬리만자로

블렌드 커피는 스트레이트 커피만으로는 무엇인가 조금 부족한 듯한 점을 보완하고 극복하기 위한, 균형잡히고 풍부한 맛과 향의 커피를 만들기 위한 노력의 결과이다.

15 커피잔
Coffee Cup
커피를 마시기 위한 그릇. 다양한 종류와 크기의 커피잔이 있다.

커피잔에는 본래 손잡이가 달려있지 않았다. 커피의 발상국 에티오피아의 커피 세리머니에서 사용되는 잔은 지금도 손잡이가 없는 작은 잔의 모양이다. 현재와 같은 자기의 커피잔이 생긴 것은 의외로 오래되지 않았다.

독일 마이센에서 도자기 굽기가 시작된 것은 18세기 전반. 영국에서 웨지우드의 창설자 조지아 웨지우드가, 본격적인 자기 그릇의 선구가 된 '크림 웨어'의 커피세트를 만들었던 것도 18세기 후반이다. 샬롯 왕비에게 헌납된 크림 웨어의 컵은 손잡이가 달려있고, 조형면에서도 상당히 현대적인 인상이다.

에티오피아의 커피 세리머니에 사용하는 컵. 약간 작으며 손잡이가
달려있지 않다.

    지금은 커피잔과 찻잔이 확실하게 구분되어 판매되고 있는데, 이것도 최근
수십년의 일이다. 유럽 각국은 영국을 제외하면 압도적으로 '커피의 나라'가
많기 때문에, 오래된 도자기 메이커는 대체로 커피용을 이미지하여 만들어왔
다고 생각된다(웨지우드는 18세기 후반부터 구별하여 판매되고 있다).

영국의 유명한 질그릇 웨지우드의 창
시자 조지아 웨지우드(Josiah We-
dgwood).

웨지우드의 재스퍼(벽옥)제의 커피잔. 양각
은 18세기 후반의 일상생활을 소재로 한
디자인으로, 특히 여성과 어린이들의 일상
을 정서적으로 묘사하고 있다. 조지아 웨지
우드의 친구이며, 아티스트로 알려진 엘리
자베스 레디 템플턴(1747~1823)에 의해
디자인되어, 18세기 후반 윌리암 하쿠우드
에 의해 재스퍼로 완성되었다.

현재의 커피용·홍차용의 차이는 모양이다. 커피용은 길고 높은 데 비해, 홍차용은 주둥이가 벌어져 있다. 커피용이 잘 식지 않도록 하기 위해 긴 형태인 반면, 홍차용은 색깔이 보다 예쁘게 보이도록 하기 위해서이다.

● 커피잔을 선택할 때의 포인트 5

① 형태

높이가 높은 것이 커피가 빨리 식지 않는다. 단, 벌어져 있는 찻잔용을 사용해도 좋다.

② 테두리

너무 두텁지 않은 정도가 향을 잘 느낄 수 있다.

③ 소재

자기나 본 차이나가 가장 일반적.

④ 접시

약간 깊이가 있는 것. 컵이 잘 미끄러지지 않도록 원형 홈이 있는 것이 사용하기 좋다.

⑤ 크기

커피의 종류에 맞추어 선택한다.

형태   테두리

소재   접시

카페오레 컵과 데미타스 컵은 크기에 분명한 차이가 있다.

컵의 크기(용량)와 커피의 상관관계

명칭	용량(cc)	적합한 커피
레귤러	150~200cc	에스프레소 이외의 전부
머그컵 (카페오레 컵)	200cc 이상	카페오레, 아메리칸
모카컵	120~130cc	중간 볶기~오래 볶기
데미타스	70~90cc	오래 볶기, 에스프레소

• 커피타임을 즐겁게 하는 컵 컬렉션

레귤러

에인즈레이의 자기. 스트레이트형이기
때문에 보기보다 용량이 많다.

웨지우드의 본 차이나. 중량은 있지만,
단단하고 커피가 빨리 식지 않는다.

머그컵

안정감이 있는 스트레이트형의 머그컵.
카페오레용으로도 사용한다.

민턴의 머그는 호리호리한 형으로 표면
에 파형이 양각되어 우아하다.

모카 & 데미타스

마이센의 골동품. 자기이면서도 컵의 테
두리가 얇아 섬세한 풍미를 맛볼 수 있
다.

커피 세트

16 Service à Café

금으로 세공하거나 하얀색 자기로 된 커피 세트

최초로 커피 세트를 정교하게 세공하기 시작한 곳은 이스탄불이었다. 톱카프(Topkapi) 박물관에 가면 인조금(구리와 아연의 합금)으로 된 희귀한 커피포트를 감상할 수 있다. 이 커피포트는 중국과 유럽에서 들여온 도자기로 된 커피잔이나 이즈닉(Iznik)와, 큐타히아(Kütahya)에서 들여온 아름다운

장식이 있는 자기 커피잔과 함께 전시되어 있다. 손잡이가 없는 이 커피잔은 예술적으로 세공된 구리나 금, 은으로 만든 컵받침에 올려진다. 자프(Zarfs, 금속제 컵받침)는 커피를 마시는 사람들이 손을 대지 않고도 잔을 입술로 가져갈 수 있도록 만들어졌다.

유럽에서는 부유한 커피 애호가들을 겨냥하여 자기와 은을 사용하여 커피 포트와 커피잔을 아주 정교하게 만들었다. 프랑스의 루이 15세와 그의 정부인 바리 부인은 대단한 커피 애호가였다. 루이 15세는 은으로 만든 원기둥 모양의 커피 볶는 기구를 이용하여 원두를 직접 볶았다. 그는 1754년과 1755년에 궁정 세공사인 라자르 뒤보에게 직접 주문하여 만든 금으로 된 세 개의 커피포트 중 하나를 골라서 커피를 추출하곤 했다. 루이 15세의 또 다른 애첩이었던 퐁파두르 부인은 커피나무가 세공된, 금으로 만든 커피 분쇄기를 소유하고 있었다.

하지만 이런 사치품들이 늘 수집가들의 관심을 사로잡는 것은 아니다. 오늘날의 수집가들은 여러 가지 색상의 애나멜칠을 한 주물 커피포트나 오래전에 사용하던, 흙으로 빚어서 유약을 바른 커피 주전자를 더 많이 찾고 있다. 진정한 커피 애호가라면 최고의 카페에서 사용하는, 음료의 온도나 색상을 잘 지켜주면서 디자인이 단순하고 매력적인 하얀색 자기로 된 커피잔을 선호한다.

17 데미타스

'데미'=소량, 반량 '타스'=컵이라는 뜻. 통상의 컵(150~200cc)의 반량(70~90cc)의 컵. 에스프레소 등을 마실 때 사용한다.

• 컵의 손잡이의 방향

커피잔의 손잡이를 좌측에 오도록 놓는 것이 영국식, 반대로 놓는 것이 미국식이라는 설이 있지만, 사실은 엄밀한 구분은 없다. 영국에서 홍차의 컵을 놓는 방법에 따른 것에 지나지 않는다.

이탈리아에서도 엄밀히 따지는 사람은 적다. 일본의 매너교실에서는 왼쪽으로 오게 놓는 것이 정식이고, 오른쪽으로 돌려서 마신다고 가르치고 있다.

• 세트로 갖추고 싶어진다.

중요한 손님을 초대하여 커피를 마실 때, 커피포트, 슈가포트, 밀크저그, 그리고 컵의 4가지를 같은 시리즈로 코디네이트하는 것도 좋다.

밀크저그

슈가포트

커피포트

18 커피 스위트
Coffee Sweets

커피와 함께 먹는, 또는 커피와 궁합이 잘 맞는 과자류를 총칭하고 있다.
이 용어는 일본식 영어.

케익류에는 홍차가 좋다, 혹은 커피를 마실 때 과자 등을 같이 먹는 것은
정도가 아니라는 목소리가 있다. 그러나 맛있는 과자는 커피에 또 다른 풍미
를 더해주는 것이며, 만족감을 주기도 한다.

이탈리아의 바르에서는 과자 없이 에스프레소만을 마시는 사람들이 주류였
지만, 빈에서는 큰 크기의 아주 단맛이 있는 케익과 함께 커피를 즐기는 것이
대중적이다. 빈의 전통을 따라 다양한 타입의 커피와 과자의 궁합을 살펴보
기로 한다.

커피와 과자의 궁합을 살펴보는 포인트로는, 커피의 볶기 정도를 들 수 있
다. 살짝 볶기는 산미가 나고, 오래 볶으면 쓴맛과 깊은 맛이 난다. 예를 들
어 섬세한 파이나 후르츠 과자에 오래 볶기의 에스프레소를 맞추면, 커피의
맛에 과자의 맛이 눌린다. 중간 볶기~오래 볶기의 커피에는 맛이 강한 파리
브레스트와 슈바르츠 베르더가 잘 어울린다.

그리고 살짝 볶은 커피는 듬뿍, 오래 볶은 커피는 소량과 같이, 커피를 볶
는 정도는 커피의 분량과 관련이 있다. 구운 과자에는 많은 양의 커피를, 치

즈나 초콜릿에는 소량의 진한 커피로 맞추는 것이 좋다.

19 파리 브레스트

양배추 껍질을 벗겨 링 형태로 굽고, 커스터드 크림, 생크림을 채워 데코레이션한 과자.

20 슈바르츠 베르더

슈바르츠 베르더는 독일어로 '검은 숲'이라는 의미이다. 사우어체리를 진한 크림과 초콜릿 스펀지로 샌드위치하고, 초콜릿으로 코팅한 독일의 타르트이다.

볶기	상품과 종류	과자	빵
살짝볶기	블루 마운틴 브라질	큰 크기의 과자 가벼운 파이, 프루츠 과자 • 시퐁케익 • 바우무헨 • 바바로아	부재료가 사용되지 않는 소프트계 • 데니시 • 유성분이 적은 크로상 • 러스크
중간 볶기	하와이 코나 모카	깊은 맛이 있는 크림과자 • 몽블랑 • 쇼트 케익 • 후르츠 타르트 • 가벼운 슈크림	부재료가 많은 소프트계 • 부리오슈 • 데니시(부재료가 많은) • 베이글 • 코그로프
중간 오래 볶기	킬리만자로 만델링	맛이 깊은 구운 과자, 치즈 풍미의 과자 • 애플파이 • 밀파이 (millefeuille) • 레어 치즈케익	버터 등을 바른 빵
오래 볶기	에스프레소 계	진한 초콜릿과 크림, 치즈의 과자 • 초콜릿 케익 • 슈바르츠 베르더 • 넛츠의 케익	기름으로 튀긴 빵

카페오레와 함께 먹는 크로와상은 프랑스 아침식사의 일상이다. 본고장에서는 버터, 잼을 듬뿍 발라 카페오레에 찍어 먹는 광경을 볼 수 있다.

작은 듯한 모카컵에 오래 볶은 커피, 트루프(송로) 초콜릿이나 넛츠의 구운 과자를 함께 한다.

중간~중간 오래 볶기의 커피는, 크림과자와 잘 어울린다. 신맛이 나는 커피는 후르츠 과자와 궁합이 맞고, 커스터드계는 쓴맛이 강한 커피와 잘 어울린다.

|카|페|와|세|계|의|문|화|

01 카페
Cafe

이탈리아와 프랑스 및 오스트리아를 비롯한 유럽에서 커피를 즐기는 커피점으로 즉, 살롱을 뜻한다.

유럽에는 수백년 전에 창업한 전통을 이어 영업을 하는 오래된 카페가 많다. 유럽 최초의 커피 상륙지였던 베네치아에서, 최초로 열린 커피점은 '카페 플로리안'이다. 현존하는 가장 오래된 카페로 알려져 있다. 1760년에 개업한 로마의 '안티코 카페 그레코'도 예술가나 문화인들로 붐볐으며, 지금은 스페인 광장 근처에서 영업하고 있다.

실제로 '카페'라고 부를 수 있는 최초의 건물들은 16세기에 이르러 메카, 카이로, 이스탄불 등의 도시에서 문을 열었다. 초기의 카페들은 저렴한 가격에 흥겨운 분위기, 다양한 사람들과의 재미있는 게임, 시 낭송, 유용한 사교모임 등을 나눌 수 있는 곳이었다.

카페는 커피라는 기호음료가 유럽대륙에 등장한 지 약 20년 만인 1670년부터 생겨나기 시작했다. 이 시기의 카페들은 대부분 아르메니아나 시리아 사람들에 의해서 운영되었다. 그 중에서 가장 유명한 카페는 베네치아의 플로리안(Florian), 파리의 프로코프(Procope), 빈의 데멜(Demel) 등이었으며, 부르주아·예술가·지식인들이 이 곳을 즐겨 찾았다. 카페는 정치적으로도 중요한 역할을 했다.

한편 지금은 '홍차의 나라'의 이미지인 영국 최초의 커피하우스는, 1650년
대 옥스포드에서 개업한 '야곱의 가게'였고 런던 최초의 커피하우스는, 그리
스인 파스쿠아 '롯세의 가게'였다고 한다. 롯세의 가게는 당시 증권거래소가
모여있던 런던의 서북부에 있었다. 거래소에 모이는 비즈니스맨으로 붐볐던
롯세의 가게에서는, 거래소에서는 입수할 수 없는 뒷정보까지도 얻을 수 있
다고 하여, '정보센터'의 기능을 담당하게 되었다.

1660년까지 3,000여 개에 달하는 런던의 커피하우스는, 별명으로 '페니
유니버시티'라고 불리게 되었다.

02 카페의 가르송
Garcon de café

"항상 큰소리로 외쳐야 하고, 항상 뛰어다녀야 하고, 절대로 앉을 수도 없
고…."

제르맹 누보는 500년 전에 생겨난 카페의 가르송(보이)이라 불리는 원기
왕성한 인물들을 회상하며 이렇게 말했다. 제3세계에 있는 초라한 가게의 건
달에서 파리나 빈, 베네치아의 위엄 있는 건물의 세련된 인물에 이르기까지
가르송의 지위에는 많은 차이가 있다. 그러나 그들에게 요구되는 자질은 능
숙함, 상냥함, 고객의 취향에 대한 식견, 신중함 등으로 어디에서나 똑같다.
19세기의 몇몇 가르송들은 대중적인 인기를 얻기도 했다.

오페라 거리에 있는 토르토니(Tortoni)의 프레보(Prévost)는 과장된 몸
짓으로 손님들을 즐겁게 해주는 것으로 유명했고, 많은 가르송들이 그를 모
방하기도 했다. 로통드(Rotonde)의 한 가르송은 번잡한 테라스를 누비고 다
니면서 큰 소리고 외치고 다녔기 때문에 '네, 갑니다!'라는 별명을 얻기도 했
다. 로통드의 또 다른 가르송 랑블랭(Lemblin)은 자본금을 빌려 자신의 카

페를 개업했는데, 얼마 안 가 팔레 로얄의 가장 세련된 카페 중 하나가 되기도 했다.

제2제정시대(1852~1870)에 이르러 조끼와 함께 검정색 큰 앞치마가 가르송의 유니폼이 되었다.

03 카페 플로리안

'물의 도시' 베네치아의 중심으로, 산마르코 광장에 있다. 1720년부터 300년 가까이, 문화와 정치활동의 거점이 되어왔다.

04 안티코 카페 그레코

스페인 광장 가까이에서 옛날 그대로의 분위기로 영업하고 있다. 독일의 문호 괴테, 안델센, 로시니, 리스트, 바그너 등 외국의 예술가도 이 가게를 애호했고 로마의 휴일에서 그레고리 펙과 오드리 햅번이 나왔던 촬영장소로도 유명하다.

05 페니 유니버시티

17세기 영국에서는 입장료 1페니[1]를 지불하면, 커피를 마시면서 점포 내에 있는 여러 가지 신문을 읽으며, 정보교환을 할 수 있었다. 그래서 커피하우스를 페니 유니버시티라 부른다.

1650년 야콥이 영국에서는 처음으로 옥스포드에 커피하우스를 개장했다. 이러한 장소는 곧 수백개로 불어났고 페니 유니버시티(Penny universities)로 불리워졌는데, 그 이유는 입장할 때 페니를 지불하여야 했기 때문이다.

06 브라스리 리프
Brasserie Lipp

프랑스 파리 생 제르맹 거리 카페 삼각지 중 하나이다. 19세기 말 문을 연 식당으로 당대의 문인들과 예술가들의 사랑을 받았으며, 오늘날에는 정치인을 비롯한 프랑스 유명인사들이 즐겨찾는 곳으로 알려져 있다.

1881년 프랑스 파리 6구 생 제르맹 거리(Boulevard Saing Germain)에 자리한 식당으로 카페 드 플로르(Café de Flore), 카페 레 되 마고(Café Les Deux Magots)와 함께 생 제르맹 대로의 '카페 삼각지'로 불리는 곳이다. 문인들에게 사랑을 받았던 장소로 알려진 이 식당은 소설가 앙드레 말로(Andre-Georges Malraux, 1901~1976)의 단골집이자 헤밍웨이(Ernest Hemingway, 1899~1961)가 〈무기여 잘 있거라〉를 완성한 곳으로도 널리 알려져 있다.

---

1) 영국의 보조 화폐단위, 원래 1/12 실링, 1/240 파운드였으나, 1971년부터 10진법에 의해 1/100 파운드로 바뀌었다.

니콜라 사르코지(Nicolas Sarkozy, 1955~   ) 프랑스 대통령이 즐겨 찾았던 곳이기도 하다. 오늘날 이 식당은 정치인들과 사업가, 연예인을 비롯한 프랑스 유명 인사들의 만남의 장소로 자주 이용되고 있다.

07 카페 레 되 마고
Café Les Deux Magots

프랑스 파리 6구 생 제르맹 데프레(Saint Germain des prés) 성당 근처에 자리하고 있는 오래된 카페이다. 근처에 위치한 카페 드 플로르(Café de Flore)와 함께 19세기 말과 20세기 프랑스의 지성과 문화 중심지 역할을 해온 곳으로 평가받고 있다.

원래 중국산 비단 가게가 있었던 장소에 들어선 카페라서 중국 도자기 인형을 뜻하는 마고(Mogot)라는 명칭을 갖게 되었다.

생텍쥐페리[2](Saint - Exupéry, 1900~1944), 지로두[3](Giraudoux, 1882~1944)와 같은 수많은 당대 유명 문인들과 예술가, 지식인 그리고 정치인들의 단골 카페로 명성이 높다.

연인이었던 시몬 드 보부아르(Simone de Beauvoir, 1908~1986)와 장폴 사르트르(Jean Paul Satre, 1905 ~1980)가 난방 때문에 카페 드 플로르로 만나는 자리를 옮기기 전까지 글을 쓰기 위해 자주 드나들었던 장소이기도 하다. 현재에도 1915년경의 옛 카페 장식을 그대로 유지하고 있다.

● 프랑스의 계몽사상과 명화, 명작은 카페와 함께 탄생되었다.

이에 비해 프랑스와 이탈리아, 빈의 카페는 약간 성격을 달리하고 있다. 당대 일급정보가 모인다는 점은 공통이지만, 영국과 같이 비즈니스 정보와 실학의 장이라는 성격뿐만 아니라, 예술가와 작가, 문화인들이 모이는 장소이며, 때로는 작품을 보여주는 장소이고, 때에 따라서는 예술론에서 정치에 관한 것까지 자유롭게 논의되었다. 문화적인 색채가 강했던 것이다.

파리의 거리에 최초로 커피점을 개업한 것은, 아르메니아인인 파스칼이라는 남자였다. 1660년대 생제르망의 거리에서 커피를 판 것이 호평을 얻었기 때문에, 그 후 에콜 해안거리에 작은 카페를 열었다.

파스칼은 터키인 소년을 보이로 채용하여, 파리의 온 거리를 '카페! 카페!' 하고 외치며 돌아다니게 했다고 전해지고 있다. 이 선전효과는 대단하여 곧바로 파리의 사람들에게 '카페=커피를 팔고 마시는 가게'로 알려졌다. 연이어 파리에 카페가 열리는 가운데 1686년 '카페 프로코프'가 등장했다. 시실

---

2) 생텍쥐페리(Saint-Exupéry, 1900~1944) : 〈어린왕자〉(1943)로 유명한 프랑스의 소설가. 진정한 의미의 삶을 개개 인간 존재가 아니라, 사람과 사람의 정신적 유대에서 찾으려 했다. 작품은 〈남방우편기〉, 〈야간비행〉, 〈인간의 대지〉 등이다.

3) 지로두(Giraudoux, 1882~1944) : 프랑스의 극작가, 소설가이다. 리모지 지방의 한 촌에서 태어나 우수한 성적으로 고등사법학교를 졸업하였다. 독일과 미국에서 교사ㆍ언론인의 경력을 가진 뒤 단편집 〈시골여자들〉(1909)로 등단했다.

리아 출신의 프란체스코 프로코프 드 콜테르가 생제르망 대로에서 약간 들어
간 란세스 코미디 거리에 열었다.

카페 프로코프는 점차로 문화살롱의 양상을 띠어갔다. 18세기에는 계몽사
상가인 루소가, 19세기에는 문호 발자크와 뮤세, 볼테르가, 20세기에는 화
가 로트렉4)과 모딜리아니가 단골로 드나들었다.

08 블루 바주(파란 병)
Blue Vase
17세기 말 프란츠 콜시츠키에 의해, 빈에 처음으로 열린 카페의 이름.

파리와 함께 카페문화의 화려한 도시는 오스트리아의 수도 빈이다. 빈에
카페가 생긴 것도 파리와 거의 같은 시기인 17세기말, 터키와의 전쟁종결에
그 기원이 있다.

1683년 신성 로마제국의 수도였던 빈은, 터키군에 포위되어 함락 직전이
었다. 그 위기를 구한 1명의 전령이, 나중에 카페 '블루 바주'를 연 프란츠 콜
시츠키이다. 그가 용감하게 터키군의 포위망을 뚫고 아군과의 연락에 성공한
것이, 터키군의 격퇴로 이어졌다.

콜시츠키는 폴란드인이었지만, 빈을 구한 공로로 시에서 '제국의 전령'이라
는 칭호를 받고, 집 1채를 증정받았다. 콜시츠키는 더욱이 터키군이 남기고
간 커피원두를 받아, 증정받은 집에 빈 최초의 커피하우스를 개업하였다.

---

4) 로트렉(Toulouse Lautrec, 1864~1901) : 프랑스의 화가이다. 남부 프랑스 알비의
   귀족 집안에서 출생한 그는 본래 허약한데다가 소년 시절에 다리를 다쳐서 불구자가 되었
   다. 그는 화가가 될 것을 결심하고 그림에 몰두하였으며, 파리로 나가 미술학교에 다녔다.
   드가, 고흐와 친분을 맺어 그들로부터 커다란 영향을 받았다. 그는 귀족 사회의 허위와
   위선 등을 미워하였다. 주로 서커스, 놀이터, 운동경기, 무용장, 초상화 등을 즐겨 그렸으
   며, 포스터를 예술적 차원으로 끌어올렸다. 인상파에 속하고 색채 취급, 성격 묘사에도 뛰
   어났다. 유화 외에 파스텔, 수채화, 석판에도 독특한 스타일로 만들었다. 대표작품으로는
   〈물랑 드 라 가레트〉, 〈이베지루벨〉 등이 있다.

콜시츠키가 열었던 커피하우스

카페의 거리를 상징이라도 하듯, 빈에는 '콜시츠키도로'가 있다. 그 한곳에 카페문화 탄생의 어버이가 된 콜시츠키의 동상이 있으며, 지금도 사람들로 북적이는 카페의 모습을 지켜볼 수 있다.

몽파르나스의 3대 카페와 예술

09 카페 드 플로르
Café de Flore

1885년 개점하였고, 1912년경 몽파르나스에 드나들었던 시인 아폴리네일이 거점으로 삼게 되었던 곳으로 알려진다. 같은 해 발간된 문예지 '소와레 드 파리'의 편집실 대용으로 이용했다.

프랑스 파리 생 제르맹 거리에 자리한 유서깊은 카페이다. 20세기 프랑스 지성인들과 예술가들 그리고 정치가들의 휴식처이자 사상 교류의 공간이었다.

프랑스 파리 6구 생 제르맹 거리(Boulevard Saing Germain)에 자리하고 있는 유서 깊은 카페이다. 바로 근처에 자리한 카페 레 되 마고(Café Les Deux Margots)와 함께 20세기 프랑스 지성과 문화 중심지 역할을 했던 파리 카페의 양대 산맥으로 여겨지고 있다. 19세기말 문을 연 이래로 프랑스의 수많은 유명 정치인들과 지식인 그리고 예술가들의 사랑을 받았다.

카뮈5)(Camus, 1913~1960), 미테랑(Mitterrand, 1916~1996) 등이 자주 방문했던 곳으로 명성이 높다. 연인이었던 장 폴 사르트르6)(Jean Paul Sartre, 1905~1980)와 시몬 드 보부아르(Simone de Beauvoir, 1908~1986)가 자주 만남을 가졌던 장소이기도 하다. 의자와 탁자를 비롯한 내부 장식 또한 20세기 중반기의 모습을 그대로 유지하고 있다.

---

5) 알베르 카뮈(Albert Camus, 1913~1960) : 프랑스의 소설가, 수필가, 극작가. 〈이방인〉(1942), 〈페스트〉(1947), 〈전락〉(1956) 등의 소설과 좌파적 현실참여 활동으로 유명. 1957년 노벨문학상 수상.
6) 장 폴 사르트르(1905~1980) : 프랑스의 실존주의 철학자. 작가이며 실존주의 대표적 사상가. 1964년에 노벨문학상 수상자로 결정되었으나 수상을 거부하였다. 하이데거와 후설의 영향 밑에서 자신의 현상학적 존재론을 전개하였다.

커피금지령 ②

18~19세기 유럽 각지에서 여러 가지 이유로, 커피의 금지와 해금이 여러 번 반복되었다.

커피는 유럽에 상륙한 이래, 각지에서 여러 번 금지되거나 또는 해금되었다. 특히 스웨덴에서는 18~19세기, 커피와 홍차가 여러 번 금지되었으며, 결국 국왕 구스타프 3세[7](1746~1792년)는 기묘한 실험으로, 커피의 몸에 대한 영향을 결론내리고자 했다.

교수형에 처해져 있던 2명의 죄인 중에, 1명에게는 홍차를 1명에게는 커피를 마시게 하여, 어느 쪽에 해가 있는지를 관찰하였다. 결국은 2명 모두 아무런 문제없이 오래 살았고, 오히려 1792년 구스타프 3세가 암살에 의해 먼저 죽게 되었다.

한편 거의 같은 시대에 현재의 독일이었던 프로이센 제국에서는, 프리드리히 대왕이 1777년에 커피금지령을 내렸다. 원래 커피를 아주 좋아했던 프리드리히에게 있어서, 이 금지령은 실로 어려운 결단이었다. 영국과 프랑스와 같이 해외에 식민지를 가지고 있지 않았던 프로이센에서는, 커피 소비량의 증대가 수지의 균형을 악화시킬 뿐이었다. 더욱이 이 시기에 독일 맥주의 생산도 흔들리고 있었다. 대왕은 자신의 기호를 억누르고, '맥주를 마시라'는 명령을 내렸다.

커피에 높은 세금을 부과해도 소비량이 줄지 않았기 때문에, 1781년에 왕실 이외에는 커피 볶기를 금지시켰다. 커피는 귀족과 상급 군인, 사제의 독점 사업이 되어, 왕실에 막대한 부가 쌓이게 되었다.

---

7) 구스타프 3세(1746~1792) : 스웨덴 왕. 구스타프 계몽시대(또는 스웨덴 계몽주의 시대)로 알려진 통치기간에 의회에 대항해 왕권강화를 주장했다. 1782년 스톡홀름 오페라 하우스의 가면무도회에서 저격 받고 죽음.

11 구스타프 3세

Gustavu III

1746~1792. 스웨덴의 홀슈타인 고트로프왕조 제2대 국왕(재위 1771~1792)

러시아제국과 덴마크와의 싸움에서 승리하여 명성을 높였다. 또한 프랑스와의 우호를 깊이한 것으로도 알려져 있으며, 프랑스 문화를 경애하여 하가백작이라는 가명으로 자주 방불하였다.

커피금지령을 알리는 방을 붙이고 있다.

12 프리드리히 대왕

Friedrich der Grosse

프리드리히 2세. 1712~86. 프로이센왕. 재위 1740~86.

스스로를 '국가 제일의 신하'라 칭한 전형적인 계몽전제군주로, 행정개혁, 교육, 산업의 육성에 노력하였으며, 오스트리아 계승전쟁, 폴란드 분할을 통해 영토를 확장, 프로이센을 강국으로 만들었다. 학문·예술을 애호하였으며 저작도 많다.

프리드리히 대왕(Friedrich der Grosse)이라 불린다. 소년시절에 프랑스인 가정교사의 교육을 받아 프랑스 문화에 심취하여 독일 문화를 경멸하게 되었으며, 프랑스 문학과 플루트 연주에 골몰하였기 때문에 그를 엄격한 무인(武人)으로 키우려는 부왕(父王) 프리드리히 빌헬름 1세의 노여움을 샀다. 18세 때 어머니의 친정인 영국 궁정으로 탈주하려고 하다가 잡혀 감금당하고, 사형선고까지 받았다가 형집행을 면한 일도 있었다.

아버지의 명으로 엘리자베트 크리스티나와 결혼하였으나, 이 왕비를 사랑하지 않아 평생토록 가정적으로는 불행하였다. 이 무렵에 라인스베르크별궁(別宮)에서 독서와 음악으로 울분을 달랬고, 프랑스의 볼테르와 서신 왕래를 하며, 〈반(反) 마키아벨리론(論)〉을 저술하기도 하였다.

국왕으로 즉위한 후에는 준열한 현실 정치가, 엄격한 군인의 일면을 발휘하여 아버지에게 물려받은 풍부한 국고와 방대한 군대를 활용하여 강력한 대외정책을 추진하였다. 우선, 오스트리아의 제위상속(帝位相續)을 둘러싼 분쟁에 편승하여 슐레지엔 전쟁(제1차, 제2차)을 일으켜서 경제적으로 요지인 슐레지엔을 병합하고 그 지역을 대대적으로 개발하였다.

그 무렵 베를린에 학사원(學士院)을 부흥시키고, 포츠담에 상수시 궁전을 조영하여 내외의 학자·문인들을 초청, 학문·예술을 토론하였다. 볼테르도 그 중의 한 사람이었는데, 대왕과 충돌하고 3년 후에 떠나가 버렸다. 오스트리아의 여제(女帝) 마리아 테레지아는 슐레지엔의 탈환을 꾀하여 숙적인 프랑스와 우호관계를 맺었고, 러시아 여제 엘리자베타도 대왕을 미워했기 때문에 프로이센은 고립상태에 빠졌다. 때마침 영국·프랑스 간에 식민지 전쟁이 일어나자 대왕은 영국과 동맹을 맺고 기선을 잡아 작센에 군대를 침공시킴으로써 7년전쟁(1756~1763)[8]이 일어났다.

　대왕은 오스트리아·프랑스·러시아의 3대 강국을 상대로 잘 싸웠으나 군사력의 부족으로 전황이 불리해졌고, 영국의 원조마저 소극적이었기 때문에 몹시 궁지에 몰렸으나, 1762년 러시아의 벨리자베타 여제가 죽고, 프리드리히 대왕을 숭배하는 표트르 3세가 즉위하는 기적 같은 일이 일어나자, 대왕은 오스트리아와 후베르투스부르크 화약(和約)[9]을 맺었다. 그 후 폴란드분할(1772)에 참가하고, 바바리아 계승전쟁(1778)에 참전한 외에는 대외 평화정책을 지키면서 국력의 회복을 도모하였다. 대왕은 '군주는 국가 제1의 머슴'이라는 신조하에 국민의 행복 증진을 으뜸으로 삼았지만, 전제정치는 다른 군주들의 경우와 다름이 없었으며, 계몽전제군주의 한 전형(典型)이었다. 다만, 종교면에서는 관용을 베풀었다.

13 바르
Bar
이탈리아에서 커피와 가벼운 식사를 제공하는 가게를 말한다.
커피점보다 간편하게 쉴 수 있는 소박한 커피점.

　이탈리아인은 잠을 깨고 나서 에스프레소, 아침식사에 카푸치노라고 말할 정도로 자주 커피를 마신다. 무슨일이든 '먼저 카페를 마시고 나서'라는 나라이다.

　역사에 이름을 남긴 로마와 베네치아의 유명한 카페 이외에도, 이탈리아의 거리에는 곳곳에 소박한 커피점 '바르'가 있다.

---

8) 7년 전쟁(1756~1763) : 슐레지엔 영유를 둘러싸고 유럽대국들이 둘로 갈려져 싸운 전쟁

9) 후베르투스부르크 화약(1763) : 7년 전쟁의 평화조약. 1763년 2월 15일에 라이프치히에서 약 30km 떨어져 있는 후베르투스부르크성에서 프로이센·오스트리아·작센 사이에서 체결된 조약이다.

아침 일찍부터 열려있는 바르에 근처의 사람들이 들러, 선 채로 에스프레소를 한모금에 마신다. 이것이 이탈리아의 흔한 아침 풍경이다. 그리고 아침과 점심을 가리지 않고 수시로 손님들이 찾아와 카푸치노와 비스코티, 브리오슈, 파니니로 가벼운 식사를 하고 간다.

작은 가게라도 바르에서 제공하는 에소프레소의 맛은 커피원두의 진액만을 추출하여 진하고 향기로우며, 가볍게 넘길 수 있다. 한국의 에스프레소보다 분량은 적지만, 1잔으로 깊은 만족감을 느낄 수 있다.

이탈리아의 남성은 오로지 에스프레소라는 사람이 적지 않지만, 여성은 시간대나 상황에 따라 커피의 종류를 바꾸어 마신다. 또한 최근 젊은 사람들 사이에서는 남녀를 가리지 않고, 드 카페나트(카페인을 제거한 에스프레소)가 인기이다.

14 비스코티
Biscotti
밀가루에 버터, 달걀, 설탕 따위를 넣어 만든 부드러운 과자

이탈리아에서 일반적인 단단한 비스켓 모양의 구운 과자이다. 카푸치노나 디저트나 와인에 찍어 먹는다.

비스코티는 이탈리아어로 '두 번 굽는다'라는 뜻으로 영국에서는 비스킷(Biscuit), 미국에서는 쿠키(Cookie)라고 한다.

재료

밀가루(박력분) 250g	설탕 150g
버터 110g	헤이즐넛 60g
피스타치오 20g	아몬드 가루 60g
달걀 3개	베이킹 가루 1작은술
소금 약간	

만드는 법

① 박력분, 아몬드 가루, 베이킹 가루, 설탕 50g을 골고루 섞은 후 체에 내린다. 달걀흰자에 설탕 100g을 조금씩 넣으면서 거품기로 젓다가 달걀노른자를 넣는다.

② 차가운 버터를 손으로 으깨가며 부드럽게 푼 다음 거품기로 저어 준비해둔 달걀과 체에 내린 박력분을 서서히 섞어 반죽을 만든다. 헤이즐넛과 피스타치오도 썰어 반죽에 넣는다.

③ 반죽이 완성되면 그릇에 담아 냉장고에 30분 정도 넣어둔다. 반죽을 냉장고에 넣었다가 사용하면 반죽 속의 버터가 굳어 쿠기의 모양 내기가 훨씬 쉬워진다.

④ 냉장고에서 굳힌 반죽을 원하는 크기로 잘라 나눈다. 도마 위에 밀가루를 바르고 반죽을 하나씩 손바닥으로 굴려가며 가늘게 만든다.

⑤ 다 만들어지면 팬에 놓고 달걀노른자를 칠한 다음 160~180℃로 예열한 오븐에서 약 20분 동안 굽는다.

⑥ 쿠키가 구워지면 차게 식힌 후 원하는 크기로 잘라 오븐 팬에 다시 담은 다음 150℃로 예열한 오븐에서 약 20분간 더 굽는다. 두께가 얇기 때문에 굽는 시간을 정확하게 지킨다.

브리오슈

밀가루 · 버터 · 달걀 · 이스트 · 설탕 등으로 만든 달콤한 프랑스 빵

크로와상 모양의 단맛이 나는 빵이다. 원래는 프랑스어였지만 이탈리아에서도 이렇게 부르며 인기가 있다.

프랑스에서 많이 먹는 빵으로서 다른 빵에 비하여 버터와 달걀이 많이 들어가 맛이 고소하고 씹는 느낌이 매우 부드럽다. 이스트를 넣어 발효하기 때문에 빵으로 구분하지만 빵과 과자의 중간 형태라고 할 수 있다. 크기는 한 입 크기 정도로 작은 편이다. 건포도나 말린 과일을 넣어, 크림이나 초콜릿 등으로 장식을 하기도 한다. 주로 아침식사나 식사에 앞서 식욕을 돋우기 위한 오르뙤브르[10] 또는 간식으로 먹는다.

모양은 여러 가지인데 가장 흔한 것은 눈사람처럼 생긴 '브리오슈 아 테트'이다. 축제 때는 각 지방마다 재료와 모양을 달리하여 만든다. 왕관 모양의 '브리오슈 쿠론', 원통 모양의 '브리오슈 무슬린', 직사각형의 '브리오슈 낭테르' 등이 있다. 롤 모양은 '브리오슈 홀레', 꽈배기 모양은 '브리오슈 트레세'라고 한다. 여러 가지 장식이 올라간 것은 '브리오슈 드 르와', 방데 지방에서 많이 먹는 것은 '브리오슈 방데엔'이라고 한다.

예전에는 버터나 설탕이 귀하여 왕족이나 귀족들만 먹을 수 있었다. 루이 16세의 부인인 마리 앙투아네트가 즐겨 먹어 더욱 유명해졌다.

---

10) 오르뙤브르(오드블, hors-oeuvre) : 어원은 불어로 hors-oeuve, 영어로는 appetizer, 이태리말은 안티파스토(antipasto). 프랑스 요리에서 전채(버섯을 넣고 구운 파이, 햄 조각 등)가 나오는 이유는 음식재료의 신선한 맛을 즐기고 식욕을 돋궈준다.

프랑스혁명이 일어났을 때 굶주리던 시민들이 빵을 달라고 외쳤다. 그러자 마리 앙투아네트는 빵이 없다면 대신 케이크를 먹으면 되지 않느냐고 반문하여 후세에까지 유명한 일화로 남게 되었다. 여기서 우리말로 케이크로 번역된 것이 바로 브리오슈이다.

16 파니노

이탈리아식의 평평한 빵에 야채와 치즈, 햄을 넣은 것이다. 파니노는 이탈리아 말로 작은 롤빵과 샌드위치라는 두 가지의 의미가 있다. 그러나 샌드위치를 의미하는 말이 더 일반적이다. 빵 사이에 고기나 살라미(Salame)라는 소시지, 치즈, 햄, 샐러드 등을 넣어 먹는 일종의 샌드위치다.

파니노는 일반적으로 거친 빵에 고기나 살라미, 살루미(생돼지고기를 냉풍에 말려서 썰어먹는 가공식품), 치즈, 햄, 샐러드 등을 넣어먹는 일종의 이탈리안 샌드위치로 속을 두 가지 이상 넣지 않고 소스도 거의 넣지 않은 담백한 빵으로 뜨겁게 해서 먹는다.

파니노에 많이 이용되는 빵이 치아바타(Ciabatta)인데, 로제타(Rosetta)나 작은 바게트인 프란세시니(Francesini)도 이용한다. 파니노는 지역에 따라 속에 넣어 먹는 재료가 조금씩 다른데, 베니스는 칠면조와 치즈를 넣어 먹는다. 여름에는 토마토와 모짜렐라 치즈만을 넣어 먹기도 한다. 이탈리아 노동자들이 가볍게 먹던 것에서 유래되어 Worker's food로 발전했으며, 이탈리아 최초의 패스트푸드(Fast food)라고 할 수 있다.

17 보스턴 홍차사건
Boston Tea Party

1773년 보스턴에 정박중인 영국 동인도회사의 배를 미국인들이 습격하여, 선적되어 있던 홍차를 바다에 던진 사건.

유럽에서 미국으로 커피를 전해준 사람은, 존 스미스 선장이라고 한다. 17세기 그는 터키를 여행하다 커피를 알게 되고, 그 후 약 100명의 사람들을 이끌고 버지니아주에 상륙했다. 그곳에서 식민지 제임스 타운을 건설했을 때, 커피가 처음으로 전해졌다.

그 후 미국 대륙의 식민지에서 커피의 수요는 서서히 증가했지만, 미국을 '커피의 나라'로 변모시킨 결정적인 일은 18세기말에 일어났다.

17세기 이후 영국은 커피 무역전쟁으로 네덜란드와 프랑스에 패배하여, 홍차무역으로 전환해간다. 이는 식민지 미국에도 커다란 영향을 주었다. 영국 정부는 식민지에도 '차조례'를 반포, 수입홍차를 독점하여 가격을 올리고 무거운 세금을 부과했다. 이에 반발한 미국인들이 1773년에 일으킨 사건이 '보스턴 홍차사건'이다.

영국 정부에 대한 반발로, 선적되어 있는 홍차를 바다에 던졌다
(보스턴 홍차사건).

이후 미국에서는 홍차의 인기가 하락하고, 커피를 좋아하는 나라로 바뀌어 갔다. 영국의 일련의 식민지 경시는, 이윽고 미국 독립전쟁의 배경이 되어갔다.

'커피의 나라' 미국을 상징하는 것으로 기억에 새로운 것은, 아폴로 13호에서의 에피소드이다. 1970년 우주선 아폴로 13호는, 발사되고 56시간의 시점에서 산소탱크가 파열되는 사고가 일어나서, 서둘러 지구로 귀환하지 않으면 안 되었다.

긴박한 우주선 내에서는 에너지 절약을 위해 전기를 꺼, 실내 온도가 영하에 가깝게 내려갔다. 추위와 필사적으로 싸우고 있는 우주인들의 귀에 들린 휴스턴에서의 격려 메시지는 다음과 같았다.

'힘내세요! 여러분들을 위한 따뜻한 커피가 기다리고 있습니다.'

긴장의 38만 4천km의 여행. 한잔의 따뜻한 커피의 이미지는, 마이홈을 가리키는 것이었다.

18 버지니아주

미국 독립 13주의 하나로 동부 대서양에 접해있다. 버지니아주의 주도는 리치몬드이며, 독립 당시의 유적이 남아있는 주로도 알려져 있다. 담배재배와 목축, 제지공업이 발달해 있다.

19 커피무역 전쟁

'커피무역선 전쟁'이라고도 한다. 실제 전쟁이 아니라 커피무역의 쟁탈전을 말한다. 17세기까지 이슬람 상인이 독점하고 있던 커피교역은, 유럽 열강이 아프리카와 아시아를 식민지화하면서 격심한 쟁탈전을 벌인다. 영국은 네덜란드와 프랑스에 뒤처져 홍차로 전환하였다.

20 캐러밴
Carabanes

커피는 18세기 초까지 에티오피아와 예멘지역에 국한되어 재배되었다. 그래서 동양의 도매상인들은 예멘의 주요 커피생산지인 바이트 알 파키(Bayt al-Faqih)에서 힘들게 원두를 사들여 그것을 호데이다(Hodeïdah) 근처의 항구에서 선적했다.

18세기 초 생 말로 출신의 한 도매상인은 1716년에 출간된 장 드라로크의 〈행복한 아라비아로의 여행(Voyage de l′Arabie heureuse)〉에서 커피의 거래가 이루어지는 방식을 정확하게 설명하고 있다.

"터키 사람들이 커피를 살 수 있는 곳은 베텔파기(Betelfaguy)뿐이었다. 그래서 이집트와 터키의 상인들은 커피를 사기 위해 베텔파기에 와서 커피를 잔뜩 산 후에 그것을 낙타의 등에 실었다. 그러면 낙타는 약 270파운드 무게의 짐을 등에 지고서 홍해의 작은 항구까지 가야 했다. 상인들은 만에서 더 깊숙한 곳에 위치한 60여 군데의 지역에서 커피를 작은 배에 옮겨 싣고서 제다(Gedda)나 지에덴(Zieden)이라고 불리던 비교적 규모가 큰 항구로 운반했다. 제다항이나 지에덴항에서 커피는 다시 터키의 배에 옮겨져서 수에즈까지 운반되었다. 수에즈에서 커피는 다시 낙타의 등에 실려 캐러밴이나 지중해의 해로 등 다양한 경로를 통해서 이집트와 다른 지역으로 운송되었다."

21 나라별 커피문화의 차이

유럽계

유럽의 커피문화는 역시 에스프레소이다. 에스프레소는 사전적인 의미로 빠르다는 의미다.

일반적인 이탈리아의 바에서 일어날 수 있는 상황을 살펴보자. 우선 바리스타가 "커피?"하고 바 안에서 손님에게 묻는다. 그러면 손님은 "네"라고 답할 것이다. 그 즉시 바리스타가 숙련된 솜씨로 단, 1분 안에 에스프레소식 커피를 추출해줄 것이다. 손님은 약 30mm 에스프레소에 꽤 많은 양의 설탕을 넣어서 1~2분 안에 커피를 마시고 제 갈 길을 간다.

즉, 유럽의 커피는 커피 그 자체가 하나의 목적이다. 물론 프랑스나 오스트리아처럼 커피 한잔을 앞에 두고 독서나 토론으로 많은 시간을 보내는 문화도 있지만, 형식을 떠나서 커피 자체가 그들 삶의 고유한 행동양식이자 생활습관으로 정착하였다.

미국

커피 없이는 하루를 시작하지 못하는 것이나 일과중에도 커피를 손에서 떼지 못하는 점에서는 유럽과 비슷한 문화를 가진 것 같지만 유럽과 사뭇 다른 모습이다.

우선 커피 자체를 즐기기보다는 커피에 물을 많이 부어서 먹는다든지 우유나 시럽, 생크림 등을 첨가하여 먹는다. 또한 일회용 컵에 커피를 담아 걸어다니면서 커피를 즐기는 풍경은 다분히 실용성을 우선시하는 미국적인 문화이다.

일본

일본에서도 미국계의 대형 프랜차이즈 커피숍들이 성업하고 있긴 하지만, 역시 일본의 커피 문화는 핸드드립이라고 말할 수 있다. 다도를 하듯이 커피를 갈고 필터에 담아 정성을 다해 내리는 모습은 맛은 물론이고 보는 이에게 감동을 주기에도 충분하다.

한국

한국은 아직도 인스턴트 커피 문화가 주류다. 인스턴트 커피는 고도 경제 성장기에 노동자들의 값싼 노동을 강제하는 수단이었는지도 모른다. 지금도 고단한 일상과 함께 하고 있다.

요즘 한국의 커피 문화도 많이 바뀌어 가고 있다. 여기에서 조금 아쉬운 것은 에스프레소로 대변되는 유럽식, 미국식의 베리에이션 문화, 일본의 다도화한 핸드드립식 커피가 뒤섞인 경향이다.

우리나라의 경우 2000년대 들어 테이크아웃 커피전문점을 중심으로 하는 에스프레소 커피시장의 성장 등으로 인해 원두커피 시장규모는 2006년도에는 4.3%, 2007년도에는 12.2%로 매년 증가하고 있다(한국식품연감 2008 ~2009). 향후 원두커피 시장의 성장은 지속될 것이며 그에 따른 소비자들의 원두커피 품질에 대한 관심은 증가할 것으로 예상되고 있다. 원두커피뿐만 아니라 흔히 인스턴트커피에 사용되는 로부스타 커피의 이미지에서 벗어나, 동서식품의 아라비카 100, 네슬레의 수푸리모 등으로 아라비카 품종으로 고품질의 이미지를 부각시키고 있다.

커피와 함께 하는 음식 소개

Grilled grapefruit and Scrambled eggs with smoked salmon

Chocolate beignets

Eggs Benedict

Brioche

Danish pastries

Soft bagels

Madeleines

Contents

Florentines

Mini brochettes

Cramy chocolate souffles

Orange-flavoured chocolate-dipped cookies and Irish coffee cream

Danish pastries

Pretzels

Hazelnut bread

Individual Paris Brest

Coffee walnut frosted cake

Chocolate-dipped fruits

Crumpets

Basic pancakes and pancakes jubilee

Madeira cake

Delicate Coffee Parfait

Brittle Cake with Coffee

Tiramisu

Coffee Leaves With Milk Ice Cream

Kaffee und Tee(커피와 차)

|커|피|의|권|위|

커피감정사

01 Classificador

브라질의 국가기관 인정에 의한 커피감정 스페셜리스트.
클래시피케이더라고 한다.

세계 최고의 커피 생산국 브라질에서 커피원두의 감정작업은, 국가의 수지에 중대한 영향을 미치기 때문에, 감정에 종사하는 인재의 양성도 엄격하다. 감정결과는 브라질만에 한정되지 않고, 커피의 국제가격과, 세계의 커피시장을 좌우할 정도이다.

감정사들은 먼저 원두의 품질을 외관으로 판단한다. 색과 광택, 크기, 질량, 함수율, 향, 결함원두의 갯수 등을 눈, 귀, 촉감으로 체크한다. 그 후 컵 테스트(미각검사)를 한다.

브라질에서 감정사의 본령은 컵 테스트이다. 그들의 미각이 상품가치를 좌우하기 때문에, 컵 테스터는 절대적인 권위와 책임을 가지고 있다. 컵 테스트는 샘플 생원두의 테스트 로스트에서 시작하며, 준비하는 것은 다음과 같다.

① 샘플 원두 100g(중간 볶기·중간 갈기)을 10g씩 계량해둔다.

② 뜨거운·물(바로 끓인 물을 사용할 것. 산소를 많이 포함하고 있기 때문)

③ 테스트용 컵. 유리컵이 최적. 커피의 투명도를 관찰한다.

④ 컵과 같은 수의 테스트용 스푼.

⑤ 입을 헹구기 위한 컵과 물.

⑥ 커피를 뱉어내는 그릇.

⑦ 기록용지와 필기도구.

훌륭한 커피맛 감정사(A Good Coffee Liquorer)

훌륭한 커피감정사가 되려면 수년간의 훈련과 많은 경험이 필요하다. 커피의 감정은 차나 포도주 맛의 감정과 매우 비슷하다.

먼저 원두의 외형과 향을 평가하고 다음으로 갈은 커피의 신선도를 냄새로 판단한다. 그 후 커피에 물을 부은 후 추출된 커피의 냄새를 체크한다. 정확히 3분 후 추출된 커피를 가볍게 저은 후 다시 한 번 냄새를 맡는다. 이 때 추출시 발생하는 거품을 제거하고 본격적으로 맛의 감정이 시작된다. 스푼으로 커피를 떠서 "쯥"하고 입안으로 순식간에 털어 넣어 맛을 음미한 후 뱉어낸다. 이 과정을 1~5번 많게는 10번까지 반복한다.

이렇게 되풀이하는 과정에서 스스로 탄자니아 Chagga AA와 Monsoan Malabar A 비율이 정확히 70 : 30으로 브랜딩된 것까지도 찾아낼 수 있는 놀라운 경지에까지 도달한다.

[컵 테스트의 순서]

1. 원형의 회전식 테이블에 컵을 나란히 놓는다. 10g씩 커피가루를 넣고 100cc의 뜨거운 물을 균등하게 따른다.

2. 컵을 휘저으면서 순서대로 향을 맡는다.

3. 표면의 거품을 걷어내고, 테스트 스푼으로 커피를 입에 넣는다(와인 테스트와 마찬가지로, 공기와 함께 입에 넣고 입안에서 테스트한다).

4. 커피를 마시지 않고 뱉어낸다.

Tip 1회마다 입을 헹구고, 하나의 원두에 대해 3회 정도 테스트하여 평가한다.

02 바리스타

Barista

이탈리아어로 '바르에서 일하는 사람'이라는 뜻.
바르에서 에스프레소 커피를 만드는 사람. 전문가로서 권위있는 존재.

바리스타(barista)란 이탈리아어로 '바르(bar)'에서 서비스를 하는 사람
(-ista)이라는 뜻이다. 즉석에서 커피를 전문적으로 만들어 주는 사람을 일
컫는 용어이며, 이탈리아어로 '바 안에서 만드는 사람'이라는 뜻이다. 칵테일
을 만드는 바텐더와 구분해서 커피를 만드는 전문가만을 가리키며, 좋은 원
두를 선택하고 커피 머신을 완벽하게 활용하여 고객의 입맛에 최대한의 만족
을 주는 커피를 만들어내는 일을 한다.

그리고 바텐더(bartender)는 영어로 '바(bar)'에서 서비스를 하는 사람
(tender)이라는 의미이다. 바리스타는 에스프레소 커피를 만드는 사람, 바
텐더는 칵테일을 만드는 사람이다.

이들은 무엇보다도 먼저 커피의 선택과 어떤 커피 머신을 사용할 것인지, 어떻게 커피 머신의 성능을 유지시킬 것인지에 대해 알아야 하며 완벽한 에스프레소를 추출하기 위한 방법을 알고 활용할 수 있는 능력을 갖추어야 한다. 또한 커피가 어떻게 생산되고, 여러 종류의 커피가 각각 어떤 향과 맛이 나며, 어떤 특징이 있고, 무슨 빵과 잘 어울리는지 등 커피에 관한 모든 것을 익혀야 하며, 아울러 손님에게 커피에 관한 조건을 해줄 수 있어야 한다. 이들은 매일 커피를 시음하고, 이를 바탕으로 새로운 커피를 만들어내기도 한다.

어원은 같은데 다른 의미와 다른 말이 존재하는 것은 나라에 따라 점포의 실태가 다르기 때문이다.

이탈리아의 '바르'는 주간에 에스프레소 등의 드링크를, 야간에 알코올 등의 드링크를 메인으로 제공하는데, 미국 등의 바에서는 밤에만 영업하고 알코올 등의 드링크(특히 칵테일)를 제공한다. 따라서 '바리스타'와 '바텐더'는 하는 일이 실제로 다르다.

특정한 기업이나 단체가 정의한 경우를 제외하고, 바리스타에 대해 요리사와 같은 공적인 정의 및 자격은 없다. 통념적으로는 '에스프레소 등의 드링크를 만드는 프로이며, 바르의 경영 전반을 행할 수 있는 사람'으로, 이탈리아의 바르에서는 에스프레소에 추가해, 칵테일을 만드는 능력과 지식 외에도 주야간의 모든 업무지식도 바리스타에게 요구되는 경우가 있다.

바리스타란 '바르에서 일하는 사람'이라는 의미를 넘어, 바르의 업무 전반을 행할 수 있는 경영자를 뜻하게 되었다.

03 ICO(국제커피기구)

International Coffee Organization
국제커피기구의 약칭. 1982년에 제정되었다.
본부는 런던이며, 국제커피협정의 운영을 위해 설립되었다.

국제커피협정(ICA, International Coffee Agreement)의 일환으로 1963년 UN의 후원 아래 창립되었다. 수출입 간의 분쟁을 예방하고 커피 교역의 유통 체제(소비와 공급)의 원활함을 도모하는 것을 주요 목표로 하고 있다. 나아가 개발도상국(아프리카, 아시아, 중남미의 커피생산국)을 위한 공정거래, 커피품질의 향상, 커피와 관련된 객관적 통계와 시장연구 등의 포괄적인 정보를 제공하고 있다. 2009년 10월 현재 수출회원국은 45개국, 수입회원국은 32개국이며 본부는 런던에 있다.

19세기 커피는 국제무역의 중요상품이 되었지만, 때로는 생산과잉으로 가격이 폭락하고 때로는 공급부족으로 가격이 급등하는 일이 반복되어 생산국의 경제안정을 저해해왔다.

1950년대에 들어서 이러한 상황을 타개하고자 생산국의 정부가 중심이 되어 수입국을 포함한 국가들간에 대화가 진전되고, 가격협정을 지향하게 된 것이 1962년의 협정이며, 그 후 여러 번의 개정이 있었다.

ICO에는 최고 의사결정기관인 국제커피이사회, 사무국 등이 있다. 생산을 대표하는 나라들과 소비를 대표하는 나라들로 구성된 집행위원회에서 의제의 대부분이 실질적으로 심의된다. 최근 ICO 가맹국은 생산국이 40개국 이상, 소비국이 30개국 이상. UN과 공동으로 '국제 고품질 커피개발 프로젝트'와 같은 활동도 실시하고 있다.

[국제커피기구(ICO)가 정의하는 커피]

① 파치먼드 커피(미정제)

② 그린 커피(생원두)

③ 로스티드 커피(볶은 원두)

④ 갈은 커피

⑤ 카페인레스 커피

⑥ 솔류블(Soluble) 커피(가용성 커피)

04

국제 고품질 커피 개발 프로젝트

1997년에 시작된, UN의 기금과 ICO의 협력에 의한 고품질 커피를 생산하기 위한 국제 프로젝트의 내용은 토양에 맞는 재래종(주로 티피카 · 부르봉 계통 종자)의 재배, 생산방법을 개발하는데 주안점을 두고 있는데 발전도상 생산국의 경제적 자립을 촉진하는 것이 목적이다.

국제커피협정의 경위

연도	협정 경위
1962년 협정	1963. 12. 27~1968. 9. 30
1968년 협정	1968. 10. 1~1973. 9. 30
	1969년, 1972년 브라질의 서리 피해, 인플레이션에 의해 국제가격이 상승.
연장된 1968년 협정	1973. 10. 1~1976. 9. 30
	1973년 수출할당제도가 붕괴하여, 1968년 협정부터 수출할당제도가 삭제된 채 연장.
1976년 협정	1976. 10. 1~1983. 9. 30
	1980년 '상장이 높아지면 수출할당제도를 정지하고, 내려가면 재도입한다' 제도로 할당제도를 도입.
1983년 협정	1983. 10. 1~1989. 9. 30
	1982년 3월 가격수준이 할당정지 수준을 넘는다. 1987년 10월 할당제도 재도입
연장된 1983년 협정	1989. 10. 1~1994. 3. 30
	1989년 10월 수출할당제도를 정지상태로 하고 협정을 연장.

연도	협정 경위
1994년 협정	1994. 10. 1~1999. 9. 30
	1994년 10월 수출할당제도를 삭제.
연장된 1994년 협정	1999. 10. 1~2001. 9. 30
	2000년 1월 민간부문 자문위원회(PSCB)가 발족(조문화는 2001년 협정부터)
2001년 협정	2001. 10. 1~2007. 9. 30
	2001년 10월 PSCB의 설치, 소비진흥사업, 생활수준, 노동조건의 4항의 조문을 추가.

05

카토 사토리

Dr. Satori Kato

20세기 초 세계에서 처음으로 수용성 커피를 발명한 일본인 박사의 이름. 시카고에 살고 있었다.

1901년 시카고에 살고 있던 일본인 과학자인 카토 사토리 박사가 가용성 커피를 발표한 것이, 현재의 동결건조 커피의 시작이었다. 한편 20세기 초 유럽에서도 벨기에 출신인 G·워싱턴에 의해 인스턴트 커피의 조제법이 개발되어 상품화되었다.

카토 사토리는 1889년 물에 녹는 차를 시카고에 전한 것을 계기로 '물에 녹여 마시는 커피'를 생각해내었고, 미국의 커피업자와 과학자들이 개발에 나섰다. 1903년 박사들이 발명한 인스턴트 커피 제조법으로 미국에서 특허를 받았지만, 향과 풍미를 재현한 것과는 거리가 멀었다. 한편 G·워싱턴이 개발한 인스턴트 커피는, 향과 맛 모두 뛰어난 것이었다.

'국제커피협정'의 정의에서는 커피원두에서 가용성 고체성분을 추출하여 건조한 것이 인스턴트 커피이다. 원재료에 커피원두 이외의 것을 사용한 경우, 인스턴트 커피라 할 수 없다. 그리고 '커피원두 상당량을 얻기 위해서는 인스턴트 커피의 중량을 2.6배로 할 것'이라는 정의가 있는데, 이것은 커피원두 1kg에서 약 385g의 인스턴트 커피가 만들어진다는 것을 의미한다.

06 인스턴트 커피(가용성 커피)
Instantané

인스턴트 커피를 말하며, 최근에는 과립 이외에 농축 액체타입도 있다.

1899년 미국의 한 커피 수입업자와 한 로스트업자는 일본인 카토 사토리가 발명한 물에 녹는 차를 처음으로 알게 되었다. 그들은 카토의 발명품인 탈수처리 과정을 커피에 적용할 수 있을지에 대해서 연구하기 시작했다. 그래서 한 미국인 화학자를 연구에 끌어들였고, 네 사람은 카토 커피회사(Kato Coffee Company)를 창설하고 작업을 시작했다.

그로부터 2년 후인 1901년, 카토사는 물에 녹는 인스턴트 커피를 시카고에서 개최된 범아메리카 월드페어에 내놓았다.

인스턴트 커피는 1965년에 등장한 동결건조법으로 더욱 진보되었다. 동결건조법은 커피를 동결시킨 후 진공상태에서 열을 가하여 분쇄하고, 증류시키는 방법이다. 이것을 다시 녹이면 커피는 아주 얇은 조각상태로 변한다.

오늘날 자동커피머신의 보편화는 인스턴트 커피 시장을 침체시켰다. 그래서 인스턴트 커피 회사들은 침체된 인스턴트 커피 시장을 활성화시키기 위해 다양한 맛과 향을 개발하고 있다.

예를 들면, 100% 아라비카로 만든 인스턴트 커피나 인스턴트 카페오레 등이 그러한 것들이다. 유감스럽게 인스턴트 커피로는 정통 커피의 똑같은 맛과 향을 기대할 수 없다. 그러나 인스턴트 커피의 발명은 수많은 사람들에게 커피를 쉽게 맛보게 해주었고, 그렇게 함으로써 수많은 커피 생산자들에게 새로운 돌파구를 찾게 해주었다.

초기의 인스턴트 커피는 질이 매우 낮은 로부스타 원두를 많이 사용하였기 때문에 그 품질이 매우 낮을 뿐만 아니라, 카페인 함량이 엄청나게 많이 함유되어 있었다. 그러나 오늘날에는 인스턴트 커피 수요도 대단히 세분화되어 있으며, 고급화되어 있으므로 중질의 아라비카종이 인스턴트 커피의 원료로 사용된다. 또한 최근에는 인스턴트도 카푸치노와 같은 특수 커피를 개발하여 시간에 쫓기는 소비자들의 욕구를 충족시키고 있다.

07 동결건조
Freeze Drying

인스턴트 커피 조제법의 하나이다. 커피액을 마이너스 50℃ 전후에서 냉풍건조하여 과립화하는데 사용되는 건조법이다.

"동결건조 방식(Lyophilization 또는 Freeze Drying)"이라고 불리는 커피 가공기법은 엄청난 부가가치를 창출하게 되었으며, 바쁜 현대인들에게 손쉽게 커피를 즐길 수 있는 만족감을 심어 주었다.

동결건조기법은 먼저 커피를 음료 형태로 만들고 수분을 증발시켜 분말로 만든 다음, 급속 냉동시키고 다시 이것을 진공포장함으로서 향이 날아가는 것을 방지하는 것이다. 음료 형태에서 수분을 증발시킨 커피입자는 마치 잘게 부서진 유리조각 같은 모양을 하고 있다.

수용액이나 다량의 수분을 함유한 재료를 동결시키고 감압(減壓)함으로서 얼음을 승화시켜 수분을 제거하여 건조물을 얻는 방법이다. 조작이 저온에서 이루어지므로 열에 약한 물질의 건조법이다. 이 방법의 용도는 다음과 같다.

① 미생물 · 의학 · 약학 방면에서 수분이 많을 때는 불안정하고 열에 극히 민감한 재료, 예를 들면 세균 · 바이러스 · 혈장(血漿) · 혈청 · 백신 · 항생물질 · 장기제제(臟器製劑) 등을 -10~-30℃의 저온에서 건조시켜 분말로 하면 상온에서 장기간 보존할 수 있고, 또 물에 대한 재용해성

(再溶解性)이 뛰어난 제품을 얻는다.

② 식품공업에서 인스턴트식품의 제조시에 육류·어류·야채·과즙 등을
건조시킬 때, 예를 들면 쇠고기·새우·야채 등을 원형 그대로 건조시
키거나 또는 수프 원료, 주스 등 건조품을 분말화할 때 이 방법으로(약
0~-10℃에서 건조시켜) 향기·맛 등이 남고, 복수성(復水性)이 뛰어
난 천연품에 가까운 상태의 인스턴트식품을 얻는다.

08 인증커피
Certificated Coffee
공적기관의 인증을 받은 커피와 이를 이용한 상품.
자연환경과 생산자 보호 등을 목적으로 한 심사가 계속된다.

1960년대 세계적인 인구증가를 배경으로 커피 생산이 증가된 가운데, 인
증커피가 세상에 나왔다. 당시 어느 생산국에서도 정부는 생산자의 수입증가
에 이어진다고 하여, 커피의 신규 재배를 장려했다.

한편 선진국에서는 환경문제와 남북문제에 관심을 기울이고, 과학자들이
지구자원의 고갈에 경종을 울리기 시작했다.

그 직후인 70년대, 미국의 커피업계는 스페셜티 커피의 투입으로 시장에
많은 화제를 불렀다. 초기단계에 인증커피는 스페셜티 커피의 하나에 지나지
않았고, 내용물이 보증되고 있다는 표시에 지나지 않았다.

하지만 1966년에 캘리포니아주에서 중미산 커피가 '코나 커피'로 판매된
추문을 계기로 '인증'에 대한 주목도가 높아졌다. UN본부 내의 카페에서 채
택된 일 등으로 화제가 되었다. 인증의 키워드는 'traceability(생산이력 추
적가능)과 'sustainability(지속 가능성)'의 2가지이다.

어느 인증시스템은 환경적 측면에 착안하여, 또한 어느 인증은 노동자의
복지, 가격보증에, 그리고 다른 인증은 유기재배에 착안점을 두고 있다. 단

직접, 간접의 차이는 있으며, 농가보호적인 수법이라고 하고 있는 점은 모든 인증시스템에 있어서 공통되고 있다.

공적기관의 인증을 받은 커피가 전생산에서 차지하는 비율은, 10% 정도이다. 21세기 이후, 인증커피에 대한 관심은 급속하게 증가하고 있으며, 실제의 커피 구입량 중에 인증커피가 차지하는 비율은 15%에 달하고 있다.

다음에 소개하는 3가지 외에도, 철새보호를 목적으로 하고 있는 인증 등, 그 외에 독특한 인증커피 상품도 증가하고 있다.

09 스페셜티 커피

원두의 품종, 농원 혹은 재배지구를 특정할 수 있다. 재배, 정제에 정성을 기울인다. 향이 좋고 산지 특유의 개성을 느낄 수 있다는 조건을 갖춘 특별한 커피원두를 말한다. 세계 각지에서 생산되는 전체 커피의 약 5% 정도이다.

10 UN본부 내의 카페

2004년 4월 뉴욕시에 있는 UN본부 내의 모든 카페테리아와 커피샵에서는, 열대우림동맹에 의해 인정된 환경보호 커피를 제공하게 되었다. 스페셜티 커피 볶는 업자로, 소매업자이기도 한 자바시티에 의해 공급되고 있다.

|커|피|와|건|강|

01 카페인
Caffeine

커피 등에 포함된 물질, 집중력을 증진시켜 대사를 촉진시키는 효과가 있다고 인정되고 있다.

커피나 차 같은 일부 식물의 열매, 잎, 씨앗 등에 함유된 알칼로이드(Alkaloid)의 일종으로, 커피, 차, 소프트드링크, 강장음료, 약품 등의 다양한 형태로 인체에 흡수되며, 중추신경계에 작용하여 정신을 각성시키고 피로를 줄이는 등의 효과가 있으며 장기간 다량을 복용할 경우에는 카페인 중독을 야기할 수 있다. 카페인은 흰색의 결정으로 쓴 맛이 나며, 커피 열매 안의 씨앗, 찻잎, 코코아와 콜라 열매, 마테차 나무와 구아바 열매 등에 들어 있다. 식물에 함유된 카페인은 식물을 먹고 사는 해충을 마비시켜 죽이는 일종의 살충제 역할을 한다.

커피를 싫어하는 많은 사람들이 카페인을 이유로 든다. 그러나 카페인은 커피에만 있는 것이 아니라 청량음료, 초콜릿, 감기약, 녹차 등에도 있다. 커피에서 처음 발견되었기 때문에 카페인이라는 이름을 얻었을 뿐이다.

또한 커피에는 약 1,200가지 이상의 성분이 들어 있으며, 커피로 추출되었을 때 약 600여 가지 이상의 성분이 얻어진다. 그 중 한 가지가 카페인일 뿐이다.

1819년 독일 화학자 프리드리히 페르디난트 룽게(Friedrich Ferdinand Runge)가 처음으로 비교적 순도 높은 카페인을 분리해냈고, 커피에 들어 있는 혼합물이라는 의미로 카페인(kaffein, 영어로는 caffeine)이라는 명칭을 붙였다. 19세기 말 헤르만 에밀 피셔(Hermann Emil Fischer)가 카페인의 화학구조를 밝혀냈다. 카페인의 화학식은 $C_8H_{10}N_4O_2$이다.

인간은 석기시대부터 카페인을 섭취하기 시작했으며, 초기에는 우연히 카페인을 함유한 식물의 씨앗, 나무껍질, 잎 등을 씹어 먹다가 피로를 가시게 하고 정신을 각성시키며 기분을 들뜨게 하는 효과가 있다는 것을 알게 된 뒤에, 오늘날 커피나 차를 마시듯이 뜨거운 물에 담가서 우려 먹는 형태로 점차 발전하였다.

카페인이 인체에 미치는 영향은 개인의 신체 크기와 카페인에 대한 내성 정도에 따라 다르지만 적당량을 섭취했을 경우 일반적으로 중추신경계와 신진대사를 자극하여 피로를 줄이고 정신을 각성시켜 일시적으로 졸음을 막아주는 효과가 있으며, 이뇨작용을 촉진시키는 역할도 한다. 보통 카페인은 흡수한 뒤 1시간 이내에 효과를 나타내며, 서너 시간이 지나면 효과가 사라지며, 또한 상습적으로 복용할 경우 내성이 생겨 효과가 약해진다.

카페인은 기호식품 및 치료약품으로 널리 소비되고 있다. 연간 소비되는 카페인 양은 세계적으로 120,000톤으로 추산되며 가장 흔한 카페인 섭취 경로는 커피와 차를 통한 섭취다. 이외에 코코아 열매 성분이 들어가는 초콜릿과 콜라, 카페인 함유 식물을 활용한 다양한 소프트드링크와 강장음료 등이 널리 인기를 얻고 있다. 근래에는 샴푸와 비누같은 생활용품에 카페인을 넣은 상품도 출시되고 있다. 제조업체에서는 피부를 통해 카페인이 흡수된다고 주장하지만 효과는 미지수다.

또한 카페인이 들어간 각성제, 흥분제, 강심제, 이뇨제 등 다양한 용도로 쓰이고 있다. 각성제는 피로를 덜어주고 정신을 각성시켜주므로 야간운전자나 수험생이 많이 이용한다. 카페인은 조산된 신생아의 수면 중 무호흡증과

불규칙적인 심장박동을 치료하는 용도로 활용되며 편두통이나 심장병 등에도 쓰인다. 약제 이외에 금·팔라듐·비스무트 등의 분석시약으로도 사용된다.

카페인은 다량을 장시간 복용할 경우 카페인중독(Caffeinism)이 초래되어 짜증, 불안, 신경과민, 불면증, 두통, 심장 떨림, 근반사항진(hyperreflexia), 호흡성 알칼리증(respiratory alkalosis) 등 신체적·정신적 증상을 수반한다. 또한 카페인은 위산분비를 촉진하므로 오랫동안 다량을 복용하면 위궤양, 미란성 식도염(Erosive esophagitis), 위식도역류질환(Gastroesophageal reflux disease) 등을 야기할 수 있다.

커피 기원의 일화라고 하는 '칼디의 전설'의 시대부터 커피는 머리를 맑게 해주고 집중력을 증진시키는 효과가 있다고 인정되어 왔다. 이것은 커피에 포함된 성분 중, 주로 카페인의 영향에 의한 것이라고 널리 알려져 있다. 한편으로 카페인은 '잠을 오지 않게 한다'든지 '자극이 너무 강하다'라고도 생각하고 있다.

카페인이란 커피원두, 홍차잎, 카카오원두 등에 포함된 알칼로이드(질소화합물)의 하나로서, 커피원두 질량의 1~2%에 상당하는 카페인이 포함된다.

[카페인의 효과]

① 자극성

중추신경 등을 부드럽게 자극하여 집중력을 증진시키고, 특히 집중력이 떨어지는 주간에 신체의 움직임을 좋게 하는 효과가 있다.

② 대사성

에너지 소비와 지방분해를 촉진하는 효과가 있다. 혈관을 확장하여 심장의 기능을 높이고, 혈액순환을 좋게 하고, 소화촉진과 노폐물의 배출을 도와준다.

카페인 함량

차	함량	침출 내용
커피	0.04	레귤러 커피 10g을 뜨거운 물 100ml로 침출
홍차	0.05	찻잎 2.5g을 90℃의 물 100ml로 침출
녹차	0.02	찻잎 10g을 90℃의 물 430ml로 침출
우롱차	0.02	찻잎 15g을 90℃의 물 650ml로 추출

과학기술청 자원조사회 '일본식품 표준성분표'에서

③ 커피 소비량과 수명

커피 소비량이 많은 주요 국가와 평균수명

국가명	조사연도	소비량 (잔)	평균수명(세)	
			남	녀
핀란드	1999	1,142	73.50	80.80
노르웨이	1998	1,013	75.54	81.28
덴마크	1994~1995	1,013	72.82	77.82
오스트리아	1993	899	73.93	80.19
스웨덴	1993~1997	871	76.18	81.39
독일	1994~1998	759	78.29	79.72
스위스	1997	728	76.20	82.30
네덜란드	1995~1996	623	74.52	80.20
미국	1997	424	73.60	79.40
일본	1999	301	77.10	85.30

커피 소비량은 1인당 연간 평균음용 잔수로, 커피원두 10g을 1잔으로 환산
〈출처 : International Coffee Organization/1999 외〉

위의 표는 1년간 1인당 커피 소비량이 많은 나라들을 나타낸 것이다. 1인당 커피 소비량이 많은 나라에 장수하는 사람이 많다.

북유럽 국가의 사람들이 커피를 많이 마신다는 것을 알 수 있다. 더운 나라에서 생산된 커피를 추운 나라의 사람들이 몸을 따뜻하게 하기 위해 마신다. 이들 국가는 평균수명이 긴 나라이기도 하다.

02 인스턴트 커피와 카페인

카페인은 신경을 흥분시키는 성분이라고 알려져 있으며, 커피 속에 들어 있는 카페인은 지나치게 많은 양을 섭취하지 않는 이상 인체에 해롭지 않다고 알려져 있다. 그럼에도 불구하고 적은 양의 커피라 할지라도 그 속에는 카페인이 함유되어 있으며, 개인에 따라서 카페인에 반응하는 것은 약간씩 차이가 있다.

커피 전문가들은 일반적으로 두 잔의 커피 속에 들어 있는 카페인은 약 40시간 정도 지속된다고 주장한다. 반면, 어떤 사람들은 저녁식사 후 3잔의 커피를 마신다 할지라도 건강에는 아무런 지장이 없다고 한다.

의사들뿐만 아니라 과학자들도 커피에 포함된 카페인이 인체에 미치는 영향에 대하여 확실한 대답을 내지 못하고 있는 실정이다. 이들의 공통적인 의견은 모두가 커피를 지나치게 많이 마시지 말아야 한다는 것과, 커피가 몸에 해롭지 않기 때문에 아무런 생각 없이 마시는 것은 안 된다고 한다.

어떠한 것이든지 지나친 것은 좋지 않다. 물론 커피를 마시면서 지나치게 많은 카페인을 섭취할 필요는 없다. 그렇다고 좋아하는 커피를 금지하는 것도 최상의 방법은 아니다. 커피는 마시되 카페인의 함량을 최소화하는 것이 바람직하다.

카페인 섭취를 최소화하기 위해서는 우선적으로 로부스타 커피를 피하는 것이 좋다. 로부스타 원두는 아라비카 커피에 비하여 두 배 이상의 카페인을 함유하고 있다. 다음으로는 에스프레소 스타일의 커피를 마시는 것이 좋다.

에스프레소는 커피를 뽑아낼 때 커피분말에 증기가 통과하면서 생산되어 물에 카페인이 녹아들 시간을 주지 않기 때문에 카페인 함량이 비교적 적다. 카페인은 온도가 높은 물 속에서 쉽게 용해되기 때문에 수증기가 순간적으로 통과하는 방식의 에스프레소는 카페인이 녹아들 시간이 적기 때문이다.

특별한 이유 때문에 카페인이 없는 커피를 마셔야 되는 사람들은 카페인을 제거한 원두를 선택하면 된다. 최근에는 원두를 물에 불려 카페인이 완전히 우러난 다음 다시 말려서 볶은, 카페인 없는 원두 커피가 생산되고 있다. 하지만 원두를 물에 불리는 동안 빠져나가지 말아야 할 향을 내는 요소들까지도 감소되기 때문에 완벽한 커피맛을 볼 수는 없다.

카페인의 변화

일반적으로 커피 속에 포함되어 있는 카페인은 녹차와 같이 고온보다 저온일 때 적게 추출된다. 따라서 인스턴트는 원두 커피보다 고온에서 장시간 조리하기 때문에 카페인이 3배 이상 물과 장시간 접촉시키면 다량의 카페인이 녹아들고 이 카페인 때문에 커피의 쓴맛이 강해진다.

커피는 일반적인 추출 방식보다는 에스프레소의 추출 방식이 카페인의 함량이 가장 적다. 그 이유는 에스프레소식은 수증기가 순식간에 분쇄된 커피를 통과하기 때문에 물의 양이 많지 않고, 커피에 뜨거운 물이 닿는 시간이 30초 정도로 짧기 때문이다.

한편 진하게 볶은 원두가 약하게 볶은 원두보다 카페인 함량이 적은 것은 원두를 볶는 동안 카페인이 공기중으로 날아가기 때문이다.

03 커피에 대한 궁금증
Q&A

커피를 마시면 잠이 오지 않을까?

커피에는 카페인이 함유(1~2%)되어 있어 이 카페인의 약리 작용으로 각성(잠을 쫓는 효과)효과가 있다. 하지만 약국에서 판매되는 각성제들보다는 중독성이 매우 약하다.

커피가 몸에 좋은 점이 있을까?

커피에는 카페인이 함유되어 있어 하루에 많은 양을 마시는 것은 인체에 악영향을 끼칠 수 있다. 사람에 따라 불안감, 불면, 설사, 두통, 심계항진 등의 증상들을 일으킬 수 있으며, 공복시에는 단백질이 함유된 것과 함께 즐기는 것이 좋다.

커피의 장점

① 숙취해소에 도움이 된다.(물과 함께 마시면 좋음)
② 인체의 에너지 소비량을 증가시켜 비만을 방지한다.
③ 입안 냄새 제거에 효과적이다.
④ 칼륨이 약 100mg(한 잔)정도 들어 있다.

서양의 대표 후식이 커피인 이유는?

서양인들은 주식이 육류와 지방이 많은 음식을 먹기 때문에 산성화되기 쉽다. 그래서 알칼리성 식품인 커피를 마심으로써 체액을 중성으로 만들어 건강을 유지하는 지혜로 볼 수 있다.

정찬코스에서 제공되는 데미타스 커피(Demitasse coffee)는 아침에 마시는 커피보다 두 배 정도 진한 것이 보통이다. 그리고 먹는 사람의 기호에 따라 우유나 크림, 설탕 등을 넣지 않고 마시는 경우가 많다.

최근 우리나라 식생활에서도 서양요리가 차지하는 비중이 높아지고 생활수준이 향상되어 육류의 소비량이 차츰 늘고 있다. 그에 따라 자연스럽게 커피를 마시는 사람도 늘었다. 커피는 식사 후의 음료로서 뿐만 아니라 기호음료로서의 비중도 크다.

레귤러 커피란?

넓은 의미로 인스턴트 커피와 대비시켜 원두커피를 레귤러 커피라 하고, 좁게는 아무 것도 첨가하지 않은 블랙커피를 가리킨다.

커피전문점의 메뉴에 적혀 있는 레귤러 커피는 강하지도 약하지도 않게 볶은(미디움 로스트) 원두를 사용하여 아메리칸 커피처럼 연하지도 않고, 에스프레소 커피처럼 강하지도 않은 중간 맛으로 일반적인 커피를 말한다.(인스턴트 커피는 커피를 농축, 건조시킨 후 가루로 만든 것으로 솔루블 커피 또는 가용성 커피라고도 하며, 일본인 화학자인 카토 사토리 박사가 발명하여 1901년 전미박람회에서 첫 선을 보인 뒤, 제2차 세계대전을 계기로 급속도로 전 세계에 퍼져나갔다.)

블랙커피는 위에 나쁘다?

커피가 위산분비를 촉진시키는 효과가 있긴 하지만 일반인에게 영향을 미치는 수치는 아니다. 특별한 경우 블랙커피가 위에 부담이 되는 분들은 크림을 함께 사용하면 좋다. 영국의 커피과학정보센터의 리포트에서는 "커피를 마시는 것은 위궤양의 발생과 관계가 없으며 속쓰림에 대해서도 커피와의 상관관계를 발견할 수 없었다"고 보고하고 있다.

커피가 암을 유발한다?

1999년 국제암연구기관에서 전 세계의 암연구를 분석한 결과, 커피에는 오히려 결장암이나 직장암의 발생을 억제하는 효과가 있다고 보고되었다. 또한 최근 미국 프레드허치슨 암연구소 존 폰터 박사의 연구결과에 따르면, '커피는 암예방에 도움이 되는 클로로겐산, 카페인산 같은 항암물질이 함유되어 있다'고 한다. 어떤 물질의 섭취가 암발생과 관계가 있다고 보기 위해서는 역학조사연구와 동물실험 두 가지에서 충분한 증거가 나타나야 하는데 커피의 경우, 역학적 증거에서도 인과관계에 일관성이 없다.

1970년대의 한 보고서에 따르면 커피가 방광암이나 췌장암의 발생에 영향을 미칠지 모른다는 보고가 있었지만, 유방암, 방광암을 포함한 모든 암의 발생과 커피 음용의 상관관계는 발견되지 않았다. 동물실험에서도 23년간 쥐의 사료에 인스턴트 커피를 5%씩 넣어서 먹여 보았으나 종양은 발생하지 않았다.

커피는 중독성이다.

카페인은 세계보건기구의 국제질병분류에서 중독물로 지정되지 않았다. 또 카페인에 관한 연구에서도 커피의 장기 음용에 따른 의존성이나 남용성은 인정되지 않았다.

커피크림이 비만을 부른다?

커피크림은 약알칼리성 식품으로 100% 순식물성 야자유로 만든다. 또한 인공감미료를 전혀 사용하지 않는 무설탕 제품으로, 커피크림에서 나는 약간의 단맛은 옥수수를 원료로 하는 전분당에 의한 것이다. 열량은 한 잔당(5g 사용 기준) 약 28칼로리 정도로, 하루 석 잔의 커피를 마실 경우, 콜라 1잔 또는 오렌지 주스 약 3/4잔의 칼로리와 같은 양이다.

커피는 심장에 나쁜가?

'커피를 마시면 가슴이 두근두근 하는데 심근에 영향을 미치지 않을까 걱정이다'라는 사람들이 있지만, 커피와 심장병의 관계에 대해서는 이미 많은 연구가 이루어졌다. 결론으로 커피 그 자체는 심장병을 증가시키는 인자는 아니다.

심장병을 유발하는 원인 중의 하나로 의심되는 것도 있었지만, 사실은 커피를 많이 마시는 사람들에게 흡연자가 많다. 지방을 지나치게 섭취하는 등의 경향이 있어, 이것들이 심장병에 영향을 주고 있다는 것을 알았다.

이에 대하여 권위있는 플레밍 실험의 심장조사에 의하면 이미 심장병을 앓고 있는 사람들에 대한 추적조사를 포함해서 커피와 심장질환과는 아무 관계가 없다는 결론을 내렸다.

커피와 혈압의 관계

커피는 카페인이 함유되어 심장박동을 촉진시켜, 어느 정도 혈압을 상승시키는 작용이 있다. 그러나 이것은 일시적이다.

테네시대학의 연구결과를 비롯해 많은 연구결과에서, 혈압상승과 커피는 관계없다고 보고되고 있다. 또한 어느 연구에서는 저혈압에 커피가 가지고 있는 혈류 촉진작용이, 빈혈에는 커피에 포함되어 있는 미량의 철분효과 등이 증상의 개선에 도움이 된다고까지 보고되고 있다.

커피와 콜레스테롤과의 관계

혈중 콜레스테롤 수치는 체질과 라이프스타일에 의해 영향을 받으며, 수치가 증가하면 동맥경화를 불러오는 원인이 되기도 한다. 연구에서 일반적인 커피 음용으로는 혈중 콜레스테롤이 증가하지 않는다는 것을 알 수 있다. 최근 커피가 HDL 콜레스테롤을 증가시킨다는 보고도 있다.

커피는 어른의 음료?

이미지 조사에서는 커피가 어른의 음료라고 생각하는 사람이 51.4%나 되는데, 한편으로 초등학교 때 처음으로 커피를 마셨다는 사람이 24%나 된다. 커피가 어린이에게 좋지 않다는 선입견이 있지만, 실제로는 건강과 성장에 악영향은 없으며, 가족 전원이 즐길 수 있는 음료이다. 쓴맛과 신맛을 완화하기 위해 밀크를 첨가할 것을 권한다.

커피와 함께 먹으면 좋은 것은?

아미노산의 일종인 아르기닌이 풍부하게 포함된 식품과 함께 섭취하면, 체지방을 감소시키는 효과가 있다. 아르기닌산의 함유량이 많은 식품으로는 참치가 대표적인 식품이다. 참치를 사용한 식품이라면 커피와도 잘 맞는다. 대사가 상승하여 체온, 맥박수가 올라가는 낮에 섭취하면 효과가 좋기 때문에 점심식사 때 참치와 커피를 함께 섭취하는 것을 권한다.

임신중에 커피를 마셔도 좋은가?

영국 커피과학정보센터의 커피와 건강에 관한 조사에 따르면, 커피를 좋아하는 엄마의 아기에게 유산, 조산, 미숙아, 기형아가 많았다는 보고는 나와 있지 않다.

카페인 섭취를 줄이려면?

카페인 섭취를 줄이고자 한다면 굳이 커피를 끊거나 디카페인 커피만을 마시지 않고도 해결책을 찾을 수 있다.

첫번째 방법은 로부스타를 마시지 않는 것이다. 로부스타는 아라비카에 비해 두 배 이상의 카페인을 함유하고 있다(아라비카가 평균 1%의 카페인을 함유하고 있는데 반해, 로부스타는 2%의 카페인을 함유하고 있다).

두번째 방법은 에스프레소를 즐겨 마시는 것이다. 에스프레소는 적은 양의 물이 빠른 속도로 분쇄한 원두를 통과하기 때문에 커피의 추출과정에서 훨씬 적은 양의 카페인이 용해된다. 가장 이상적인 방법은 카페인이 적게 함유된, 짧은 시간에 빨리 추출한 에스프레소를 마시는 것이다. 만일 그것이 너무 진하고 강하게 느껴진다면, 더운 물을 약간 섞어서 마셔도 좋다. 하지만 무엇보다도 중요한 사실은 아라비카 품종만으로 배합한 에스프레소를 마셔야 한다는 것이다.

암에 효과가 있다는 것은 사실?

커피에 직장이나 결장의 암을 억제하는 효과가 있다는 연구보고가, 1990년 국제암연구기관(IARC)에서 발표되었다. 그때까지 커피를 많이 마시면 암에 걸리기 쉽다는 속설이 있었지만, 커피가 암을 유발한다는 근거는 없다.

04 클로로겐산
Chlorogenic Acid
커피에 포함된 성분의 하나. 탄닌의 일종으로 풍미의 기본이 되고 있으며, 최근 건강에의 효과가 주목받고 있다.

커피에는 많은 종류의 성분이 포함되어 있으며, 건강효과라는 점에서 주목받고 있는 2대 성분은, 카페인과 클로로겐산이다.

클로로겐산이란 커피에서 따로 분리된 탄닌의 일종으로, 커피 특유의 향과 쓴맛을 내는 성분이다. 커피의 생원두에 많이 포함되어 있으며, 볶을수록 분해되어 감소된다. 커피에는 클로로겐산의 성분들이 들어 있어서 지방산을 분해해주기도 한다.

클로로겐산은 우엉과 감자류에도 포함되어 있으며, 식물의 단면이 갈색이 되는 원인인데, 이것은 클로로겐산이 항산화 물질로, 단면의 산화를 방지하기 때문이다. 암과 생활습관병의 예방, 햇볕의 그을림에 의한 멜라닌의 억제

에 효과가 있다. 커피를 좋아하는 사람에게 간암이 적게 나타난 것도 항산화
작용 때문이라는 보고도 있다.

그리고 아주 최근에는 카페인과 클로로겐산을 연계하는 움직임으로, 커피
에 따라 지방을 감소시킬 수 있다는 점도 주목받고 있다.

생원두

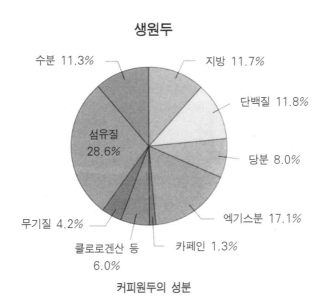

수분 11.3%
지방 11.7%
단백질 11.8%
섬유질 28.6%
당분 8.0%
엑기스분 17.1%
무기질 4.2%
클로로겐산 등 6.0%
카페인 1.3%

커피원두의 성분

• 커피의 기타 성분

지방산

커피 속의 지방산은 커피의 신맛을 결정하고, 공기에 닿으면 화학반응을
일으켜 커피맛을 변화시킨다. 이러한 산화작용 때문에 커피원두(특히 볶은
원두)와 추출액을 보관할 때에는 각별한 주의가 필요하다.

각종 지방산 중에서도 커피에 들어 있는 지방산은 포화지방산인 팔미트산
과 스테아르산, 불포화지방산인 올레산과 리놀레산이다. 특히 우리 몸에 꼭
필요한 필수지방산인 리놀레산이 상당량 들어 있다.

폴리페놀

활성산소를 제거하여 암 예방에 도움이 된다.

아스파라긴산

숙취 해소에 도움이 된다.

비타민 B군

구강염을 예방해 준다.

여러 가지 물질이 함유되어 있어서 적당한 양을 먹는다면 몸에 좋은 효과를 줄 수 있다. 하지만 커피는 절대로 건강보조식품이나 다이어트 보조제는 아니다. 체질에 맞게 먹는게 제일 좋고, 보통사람이라면 하루에 3~4잔 정도 먹는다면 건강하고 기분좋게 지낼 수 있는 기호식품임을 잊지 말자.

커피원두별 지방산 종류(%)

종류 \ 품종	아라비카종(브라질)	
	생두	볶은 원두
팔미트산	35.1	34.3
스테아르산	8.4	8.6
올레산	9.7	10.8
리놀레산	37.0	39.5
리놀렌산	7.5	7.8
기 타	2.3	3.0

향 성분

커피의 품질을 결정 짓는 중요한 요소인 향은 휘발성유기산에서 비롯된다. 이것은 원두를 배전하는 동안에 생기는 향 성분의 전구물질로서 아세톤, 이 메틸푸란, 피리딘, 푸르푸랄, 피롤 등이다.

커피의 향 성분

휘발성유기산 종류	특성	비 고
아세톤 (acetone)	달콤한 향	커피 에센스의 약 20%
2-메틸푸란 (2-methyl furan)	에테르 향	배전하는 동안 환원당이 분해되어 생긴 물질
피리딘 (pyridine)	자극적인 맛, 쓴맛	배전하는 동안 트리고넬린이 분해되어 생긴 물질
푸르푸랄 (furfural)	단향	희석액에서 단향을 갖는다.
피롤 (pyrrole)		트리고넬린이 열을 받아 만들어내는 물질

커피 생두 자체에는 향이 없으나 이것을 일정한 조건에서 가열하면 원두 내부에서 이화학적 변화, 즉 메일라드 반응(아미노산과 환원당이 일으키는 반응)이 일어나 커피 특유의 향이 생기게 된다.

원두를 약하게 볶으면 연한 다갈색이 되며, 이것으로 만든 커피는 신맛이 강하고 맛이 부드러운 특징을 가진다. 그리고 강하게 볶을수록 짙은 흑갈색이 되며 쓴맛이 강해진다. 우리는 커피에서 쓴맛, 신맛, 단맛, 떫은맛을 모두 느낄 수 있는데, 이들 맛이 서로 조화를 이루어야 하는 아주 예민한 음료이다.

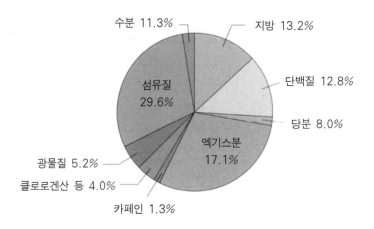

볶은 원두의 성분

[커피의 다이어트 효과]

카페인이 뇌의 시상부분을 자극하여 교감신경의 움직임을 활발하게 하고, 지방을 태우면 갈색 지방세포의 활성화가 이루어진다.

전신의 지방연소가 촉진되어, 기초대사가 상승

클로로겐산이 혈당치를 억제한다.

카페인이 지방을 분해하는 리파아제라는 효소를 활성화하고, 인슐린 (Insulin) 분비를 촉진하여 혈당을 감소시킨다.

커피는 다이어트에 도움을 줌

살 빼기 가능!

커피의 다이어트 효과를 최대화하는 5가지 원칙

커피에는 카페인과 클로로겐산에 의한 살 빼기 효과가 있다. 이를 위한 커피 마시는 방법 5가지 Tip

1. 블랙&핫으로 마신다.

커피는 설탕과 크림을 넣지 않고 마시는 것이 다이어트 효과가 크다. 단, 카페오레는 OK. 저지방, 저온살균 우유를 뜨겁게 하여 커피와 반씩 넣고, 설탕을 넣지 않고 마시는 것이 좋다.

2. 살짝 볶은 원두를 선택하는 것이 좋다.

카페인과 클로로겐산은 생원두에 많이 포함되어 있기 때문에, 오래 볶기보다 살짝 볶은 것이 2배 이상 포함되어 있다. 만델링, 하와이 코나에는 특히 많이 포함되어 있으며, 살짝 볶아 마시는 것이 좋다.

3. 3~4시간 간격으로 꾸준히 마신다.

카페인과 클로로겐산의 효과를 지속적으로 유지할 수 있는 것은 수시간. 3~4시간 간격으로 1일 6잔 정도 마시는 것이 좋다.

4. 식후에 마신다.

식후에 커피를 마시고 위가 시원하다고 느끼는 것은, 단순히 기분적인 것이 아니라, 소화촉진효과가 있기 때문이다.

5. 목욕 전·운동 전 20~30분 전에 마신다.

지방연소효과를 올리기 위해서는, 목욕과 운동 등 신진대사가 높아지는 시점에서 커피의 성분이 체내에 있는 것이 좋다. 혹은 커피를 마신 후, 가볍게 몸을 움직이면 대사가 촉진된다.

• 커피 뉴스

커피로 뇌암 치료

커피, 녹차 등을 통해 우리가 흔히 섭취하는 카페인이 치명적인 질병인 뇌암 세포의 성장을 둔화시킨다는 사실이 국내 연구진에 의해 최초로 규명됐다.

한국과학기술연구원(KIST, 원장 한홍택) 신경과학센터 이창준 박사팀은 경상대 강상수 교수를 비롯해 서울대, 인하대, 미국 에모리대 등 국내외 유수 대학 연구진과의 공동연구를 통해 카페인이 뇌암 세포의 움직임과 침투성을 억제한다고 밝혔다.

연구진에 따르면 뇌암 세포의 활동과 전이에 칼슘이 매우 중요한 역할을 하는데, 이러한 칼슘 분비에 관여돼 있는 수용체는 세포 내의 소포체에 존재하고 있는 IP3R이다.

연구진은 세 가지 형태의 소단위체로 구성되어 있는 IP3R이 뇌암 세포에 특히 많이 발현돼 있으며, 카페인이 IP3R3를 선택적으로 억제해 세포 내 칼슘 농도를 줄이고 활동과 전이 또한 억제한다는 것을 최초로 규명했다. 특히 동물 모델에 적용한 결과 카페인을 섭취한 군에서 뇌암 세포의 전이가 거의 일어나지 않았으며 생존율 또한 2배 정도 증가한 것으로 나타났다.

동물 모델에서 사용한 카페인의 양은 사람의 경우 하루 약 2~5잔의 커피에 포함된 양과 같은 정도라고 연구진은 설명했다. 연구방법은 칼슘 이미징, 침투 측정, 분자적 실험 기법, 동물 모델에서의 생존 측정 등의 다양한 첨단 기법이 이용됐다.

이 박사는 "뇌암 세포의 전이에 관련된 세포 메커니즘과 카페인이 이를 억제한다는 것을 처음으로 밝힘으로써 앞으로 뇌암에 대한 훌륭한 치료성 약물 개발의 가능성을 열었다는 데 중요한 의미를 갖는다"며 "향후 임상시험을 통해 효능을 검증하는 연구가 필요하다"고 말했다.

아루 커피 5잔 마시면 알츠하이머병 개선

커피를 매일 5잔씩 마시면 알츠하이머병 등에서 보이는 기억력 감퇴를 개선시킬 수 있다는 연구결과가 발표됐다.

영국 BBC방송은 5일 미국 플로리다대학 연구결과를 인용해 커피 5잔에 해당하는 카페인을 매일 섭취한 쥐가 그렇지 않은 경우에 비해 기억력이 현저히 좋아졌다고 보도했다.

이 연구에서는 알츠하이머병을 앓는 18~19살(사람으로 치면 70살) 쥐 55마리를 두 그룹으로 나누었다. 이 중 한 그룹에는 보통 커피로는 5잔, 라떼나 카푸치노로는 2잔에 해당하는 500mg의 카페인을 탄 물을 주었다.

2달 뒤 실험한 결과 카페인을 섭취한 쥐들은 기억력, 사고력에서 월등히 좋은 결과를 보였고 같은 나잇대의 건강한 쥐들과 비슷하게 행동했다. 게다가 카페인을 투여한 쥐는 치매 환자의 뇌에서 보이는 베타 아밀로이드 단백질이 50%나 줄어들었다.

이 연구를 주도한 플로리다대 알츠하이머 연구센터 게리 아렌더시 박사는 "나빠진 기억력을 개선시킬 가능성이 있다는 점에서 이번 연구는 특히 의미가 있다"며 "카페인이 알츠하이머병을 예방할 뿐 아니라 치료할 가능성도 있음을 보여주는 것"이라고 밝혔다. 연구팀은 그러나 이 결과를 사람에게 적용할 수 있을지 답하기는 이르다고 덧붙였다. 또 대부분의 사람들은 하루에 카페인 500mg을 섭취해도 큰 무리가 없지만, 고혈압이 있거나 임신한 여성은 섭취량을 제한해야 한다고 조언했다.

졸음운전 예방엔 수면보다 커피가 좋다.

매년 미국에서만 졸음운전으로 인해 2만여 건의 사고가 발생하고 있으며, 우리나라에서도 고속도로 교통사고의 최대 원인이 바로 졸음운전이다. 하지만 '눈꺼풀은 천하장사도 들지 못한다'는 말이 있을 만큼 쏟아지는 잠을 떨쳐내기가 말처럼 그리 쉽지 않다는 게 문제다.

졸음운전을 피하는 가장 좋은 방법은 무엇일까. 많은 전문가들의 주장대로 가까운 휴게소에 들려 잠시라도 눈을 붙이는 것일까? 아니다. 잠깐의 수면을 취하느니 커피를 마시는 것이 졸음 예방에 더 효과적인 것으로 밝혀졌다.

실제 프랑스 중앙의과대학(CHU)의 삐에르 필립 박사 연구팀은 최근 수면학 저널(Sleep Journal)에 발표한 '야간운전시 커피와 수면의 각성효과'라는 실험 논문을 통해 기존 통념과 달리 카페인 함유 커피가 잠깐의 수면보다 뛰어난 졸음운전 방지효과를 발휘한다고 밝혔다.

실제 연구팀이 새벽 2시부터 200km 거리의 고속도로 주행을 실험한 결과 카페인 커피를 마신 사람들의 각성상태 유지능력이 잠깐의 수면보다 3배나 높은 것으로 나타났다.

실험 대상은 20대와 40대의 운전자 24명이었으며, 디카페인 커피, 카페인 커피, 30분의 수면 등 3가지 졸음운전 방지책을 제시했다. 졸음운전은 자신의 의도와 상관없이 무의식중에 옆 차선을 침범하는 횟수로 평가했다. 졸음운전 사고 원인의 65%가 차선 침범 및 차선 이탈이기 때문이다.

Chapter 8

전세계의 커피산지를 대표하는 상품의 특징을 알고, 지금보다 더욱 맛있게 즐기자.

01 남미의 커피

브라질 연방공화국
콜롬비아 공화국

남미에서는 브라질, 베네수엘라, 콜롬비아, 에콰도르, 페루, 볼리비아 등에서 커피가 생산되고 있지만, 압도적인 생산량을 자랑하는 곳은 브라질과 콜롬비아이다. '커피왕국'이라 불리는 브라질은 생산량, 수출량 모두 세계 1위. 생산량은 전세계의 30% 이상으로 매년 브라질의 커피 수확이 세계 커피시장에 영향을 미친다. 콜롬비아와 합치면 생산량은 전세계의 약 절반이 된다.

남미에서는 질이 좋은 아라비카종 품종의 생산을 주체로, 스페셜티 커피라 총칭되는 고품질 원두의 생산체제를 갖추고 있다. 남미산의 원두는 비교적 부드러운 맛이 나는 것이 많다.

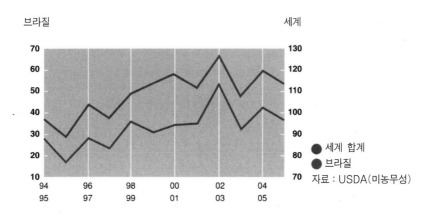

세계와 브라질의 커피원두 생산량

• 브라질(커피 제일의 생산국)

세계에게 다섯번째로 큰 땅을 가지고 있는 브라질은 18세기 초 프랑스를 통해 커피가 도입된 이후 생산량이 계속 증가하여, 현재 200만이 넘는 세계 최대의 커피 생산국이다.

역사

브라질에 커피가 전파된 사연은 매우 로맨틱하다. 스페인 연대장은 커피묘목을 구하기 위해 의도적으로 프랑스령 기아나의 총독 부인에게 접근한다. 연대장의 잘생긴 외모에 연모의 정을 느끼던 총독 부인은 그의 간절한 청을 뿌리치치 못하고 결국엔 화려한 꽃다발 속에 커피 묘목을 숨겨 그에게 선물하게 된다. 그 묘목은 콜롬비아에 옮겨 심어지고 이후 브라질로 전파되게 되었고, 두 나라는 현재 엄청난 양의 커피를 생산하는 나라이다.

품종

- Arabica(85%)-Bourbon, Typica, Mundo Novo, Sumatra, Catuai Amarelo, Catuai
- Vermelho, Maragogype, Catimor Robusta(15%)-Conillon

브라질 원두 일반

Unwashed Arabica라고도 불리는 브라질 원두는 황녹색으로 외관이 균일하며 둥글고 다소 납작하며, 균형 잡힌 중성의 맛이 특징으로 적당하다기보다는 다소 약한 산미와 약간의 쓴맛을 지니고 있어 주로 원두커피의 배합용 또는 인스턴트용으로 사용된다. 배전을 하면 Center Cut이라고 불리는 중앙의 홀 부위가 먼저 까맣게 타 들어가 다른 커피와 쉽게 구분해 낼 수 있다.

브라질 커피를 분류하는 방법은 매우 다양하다. 뉴욕 선물시장에서는 결점수에 의해 분류되지만, 생산지, 선적된 항구, 색깔, 맛, 배전 후 외관 등에 의해서도 분류된다.

생산지는 여섯 개의 주로 구분할 수 있는데, 땅이 넓어서인지 생산지별 맛과 향의 차이가 다소 큰 편이다. 일반적으로 재배고도가 높을수록 품질이 좋으며, 해발 1,000m 정도에서 가장 좋은 품질의 원두가 생산되고 있다. Minas Gerais는 브라질에서 가장 큰 생산지로 전체 생산량의 약 45%를 차지하며, 가장 품질이 좋은 원두를 생산하고 있다.

특히 세라도(Cerrado), 술드미나스(Sul de Minas), 모이지아나(Moigiana)에서 생산되는 커피의 품질은 뛰어나다. 그러나 Minas Gerais 내에서도 지역에 따라 품질의 차이가 커, 남쪽과 서쪽이 동쪽에 비해 더 우수한 품질의 원두가 생산되고 있다. 동쪽의 Carangola 지역은 낮은 품질의 원두가 생산되고 있다.

그 다음으로 Sao Paulo에서 생산되는 원두의 품질이 좋으며, 다음은 Parana, Bahia, Espirito Santo 순이다. Rrondonia는 로부스타인 Conillon을 생산하는 지역으로 알려져 있다. 과거에는 Parana 지역이 최대의 생산지였는데, 이 지역은 남회귀선의 약간 아래에 위치해 주로 3년 주기로 서리가 내려 커피나무가 피해를 입게 되고 결국엔 커피 가격이 치솟는 현상이 반복되었다. 현재는 주된 생산지가 Minas Gerais로, 수년간 커피 가격이 안정세를 유지하게 되었다.

등급

브라질 원두의 등급은 맛(Cup), 원두크기(Screen No), 타입(Type)에 의해 결정된다. 맛에 의해서는 주로 8등급(Scrictly soft, Soft, Softish, Hardish, Hard, Rioy, Rio, Rio zona)으로 분류되는데, Softish 이상만 수출하는 것을 원칙으로 한다.

타입은 300g의 샘플 중에 포함된 결점수에 따라 등급을 분류하는 것으로 결점수가 4 이하는 Brazil No.2, 8 이하는 Brazil No.2/3, 12 이하는 Brazil No.3, …, 360 이하는 Brazil No.8로 구분된다. 기본적으로 브라질 커피 수출상들은 고품질의 원두를 요구하는 구매자들에게는 특정지역에서 재배되는 질 좋은 원두를 공급하고, 기타 나머지 구매자들에게는 구매가격에 맞추어 여러 산지의 원두를 혼합하여 판매한다.

Rio란 원래 강이란 단어로 커피에서는 강과 인접한 주변의 토양에서 느낄 수 있는 요오드 냄새 같은 흙냄새가 나는 커피를 말하는데, 이것도 커피인가 싶을 정도로 역겨운 냄새가 난다. 아마 한 번 맛보게 된다면 절대로 잊지 못할 것이다. 주로 수확기에 비가 많이 와서 체리 건조에 장시간이 소요되거나 체리가 땅에 떨어져 오랫동안 방치될 경우에 발생한다.

가공

브라질은 커피 제일의 생산국답게 그 규모가 대단하다. 커피 건조장 (Drying yard)의 경우 큰 것은 보잉747기가 이착륙이 가능할 정도의 크기이며, 농장의 한 가운데에서 사방을 둘러보면 눈에 들어오는 지역까지는 모두가 커피로 뒤덮여 있다. 이렇게 규모가 큰 곳에서는 주로 기계를 이용한 수확은 약 30% 정도로, 나머지는 사람이 가지를 훑어 내리는 방식을 택하고 있다. 수확된 커피는 대부분이 건식법에 의해 가공되지만, 일부는 수세식 또는 혼합식으로 가공되기도 한다.

수출항

커피의 주요 수출항으로는 산토스, 리우데자네이로, 살바도르가 있는데 이중 산토스를 통해 수출되는 커피가 가장 품질이 좋아 산토스가 브라질 커피의 대명사가 되었다. 자그마한 섬인 산토스에는 많은 커피 관련 회사들이 위치해 있고, 많은 사람들이 커피와 관련된 일을 하면서 살아가고 있다. 거리에서 커피 샘플을 들고 다니는 브로커들과, 거리에 떨어져 있는 원두를 쉽게 발견할 수 있다.

〈남미의 커피 원두 소개〉

브라질 산토스 No.2 (Brazil Santos No.2 : Brazil)

브라질에 커피가 들어온 것은 18세기초이다. 프랑스령 기아나에서 브라질 남부의 파라나주에 전해져, 적토의 비옥한 토양 등 재배에 적합한 조건을 가지고 있어 산지는 전국토로 퍼졌다. 현재도 광범위한 지역에서 재배되고 있으며, 주산지는 파라나주, 미나스 제이라스주, 상파울로주, 마토그로소주, 바이아주 등. 브라질 산토스는 커피의 주요 선적항의 이름과 관련하여 지어졌다. No.1이라는 등급은 없으므로, 실질적으로는 No.2가 최고급이다. 상큼

한 풍미와 부드러운 신맛, 쓴맛이 있으며, 콜롬비아의 원두와 섞으면 순한 쓴
맛이 더욱 살아난다. 아이스로 하면 산뜻한 맛이 된다. 선적항 이름에서 유래
된 산토스는 브라질 커피의 대명사이다.

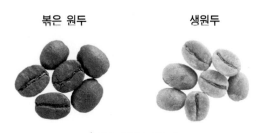

복은 원두　　　생원두

브라질 산토스 No.2

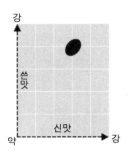

산지	브라질 연방공화국 파라나주 등
향·풍미의 특징	부드러운 쓴맛
적합한 볶기	미디엄~시티
적합한 마시기	스트레이트, 블렌드, 아이스커피

브라질 몬테 아즐 No.2 (Brazil Monte Azul No.2 : Brazil)

아라비카종 원종의 하나인 부르봉종은 향과 맛이 풍부하여 다른 품종보다
뛰어나지만, 병충해에 약하여 생산량이 적다. 향기롭고 적당한 쓴맛과 신맛
이 조화로운 커피로, 브라질의 블루 마운틴이라고도 한다. 밀크를 첨가하면
섬세한 풍미를 잃기 때문에 스트레이트가 알맞다. 정부가 인정하는 커피감정
사의 자격이 있는 것도 브라질뿐이다. 등급은 크게 300g 중의 결함수와 원두
의 크기, 컵테스트에 의해 결정된다. 결함수로 No.2~No.8, 크기에 따라
s12~s20, 그리고 컵테스트로 스트릭트리 소프트, 소프트, 하드, 리아드(요

오드포름에 가까운) 등 6~8개의 등급으로 구분되며, 그리고 맛에 따른 구분
이 있다. 미디엄 볶기가 가장 개성을 살릴 수 있다.

볶은 원두　　**생원두**

브라질 몬테 아즐 No.2

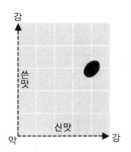

산지	브라질 연방공화국 남부 모디아나지구
향·풍미의 특징	적당한 쓴맛, 신맛
적합한 볶기	미디엄
적합한 마시기	스트레이트

문도 노보 (Mundo Nobo : Brazil)

문도 노보는 브라질의 공용어인 포르투갈어로 '신세계'라는 의미이다. 아라
비카종의 원종 티비카종에서 변이한 부르봉종과 수마트라종의 교배에 의해
만들어진 품종으로, 1950년경부터 브라질에서 재배하게 되었다. 이 상품은
상파울로의 북부 세라도고원에서 일본계 사람이 일본식 기술로 재배하고 있
다.

남위 17도의 적도에 가까운 구릉에 펼쳐진 농원은, 긴 일조시간과 적절한
강우량이 뛰어나, 알맹이가 잘 익은 커피가 자란다. 수확시기에 잘 익은 당도
가 높은 열매만을 수작업으로 정성스럽게 따서, 수세식으로 정제한다. 대규

모 농원이 많아, 기계를 사용한 채취와 건조식 정제법이 주류인 브라질에서, 손으로 따는 수세식 커피는 희소한 존재이다. 적절한 쓴맛과 상큼한 신맛이 있으며, 오래 볶으면 수세식 나름대로의 깊은 맛이 생긴다.

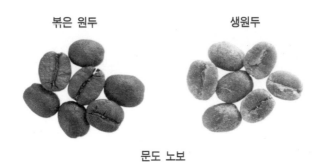

붉은 원두   생원두

문도 노보

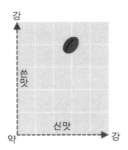

산지	브라질 연방공화국 세라도고원
향·풍미의 특징	뛰어난 향, 상큼한 신맛, 적당한 쓴맛
적합한 볶기	미디엄~하이
적합한 마시기	스트레이트, 블렌드, 에스프레소

■ 콜롬비아 (Colombia) 커피

'커피'하면 가장 먼저 떠오르는 나라는 아마 콜롬비아며, 콜롬비아를 커피의 원산지로 착각하는 사람이 많다. 콜롬비아에는 19세기 초 프랑스로부터 베네수엘라를 거쳐 커피가 도입되었는데, 지금은 세계 3위의 커피 생산량을 자랑하고 있

콜롬비아

으며, 마일드의 생산량은 세계 1위이다. 현재 연간 생산량은 약 76만 톤이다.

남미대륙 북서부의 국가 콜롬비아는, 카리브해와 태평양에 면해 있다. 3000m급의 안데스산맥과 5000m급의 봉우리가 6개 있는 등, 거의 전국토가 산악지대와 고지이다. 커피의 주요 산지는 북부의 안티오키아와 산탄데르, 남부의 카우카, 중서부의 카르다스와 토리마 등에 있다. 30만 채에 달하는 농원의 대부분은 하루의 기온차가 큰 산지형의 기후, 배수상태가 좋은 약산성의 토질, 연간 2000mm가 넘는 강우량 등, 커피재배에는 절호의 조건인 표고 1200~1800m의 지대에 위치하고 있다.

콜롬비아의 커피는 단 향기와 고급스러운 신맛이 있어, 고품질의 원두는 케냐와 탄자니아산과 함께 콜롬비아 마일드가 사랑받고 있다. 브라질의 원두 등과 함께 블렌드로 이용하면 향이 뛰어난 것이 특징이다. 오래 볶아 아이스커피로 하는 것도 좋다.

볶은 원두   **생원두**

콜롬비아 커피

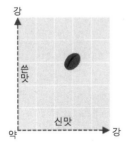

산지	콜롬비아 공화국
향·풍미의 특징	고급스러운 신맛, 가벼운 쓴맛
적합한 볶기	미디엄~시티
적합한 마시기	스트레이트, 블렌드, 아이스커피

품종

• Arabica-Bourbon, Typica, Caturra, Maragogype

콜롬비아 커피 일반

법으로 로부스타의 재배를 금지하고 있어, 생산되는 모든 커피가 아라비카이다. 대부분이 사람의 손에 의해 잘 익은 열매만 선별적으로 수확되고, 수세식으로 가공되며 기계로 좋지 않은 원두를 분류해 낸다. 가공된 원두는 70kg씩 자루에 담긴다. 수세식의 경우 1kg의 원두를 얻기 위해서는 약 100~400리터라는 많은 양의 물이 필요한데, 종종 엄청난 양의 비가 내리므로 이를 저장해 사용한다.

원두 색깔은 녹청색으로 외관이 균일하고 타원형이며 납작하다. 잘 볶은 콜롬비아 커피는 뛰어난 산미와 매우 높은 농후감을 가지고 있으며, 부드러운 맛과 풍부한 향이 유명하다. 볶은 정도에 따라 중배전의 경우에는 nutty라고 하는 고소한 땅콩류의 향이, 강배전의 경우에는 smoky라는 독특하면서도 강한 커피 향이 잘 발현된다.

커피 생산지로는 안데스 산맥을 따라서 Antioquia, Condinamearca, Tolima, Caldas, Santandar, Norte de Santander, Cauca, Magdalena, Valle del Cauca, Boyacra, Narino, Huila 등 해발 800~2000m의 지역에서 재배되고 있다. 우기가 일년에 두 번 있어 수확기도 두 번인데, 10월부터 다음해 1월까지가 전체 수확량의 약 75%, 4월부터 7월까지가 약 25%를 차지한다.

상업적인 명칭은 생산지별로 각각 이름 붙여지는데, 농산물이기 때문에 약간씩 맛과 향에 차이가 있다. 특히 Antioquia의 Medellin, Armeria, Manizales 지역에서 생산되는 커피는 약자로 M.A.M.'s로 불리는데, 품질이 좋은 것으로 널리 알려져 있다.

이 외에도 tolima, Libano, cauca, Popayan, Neiva, Narino, Girar-
dot, Honda, Bogota, Cucuta, Ocana, Bucaramanga, Santa Marta,
Sevillo, Cumbre, Cali 등이 있다.

등급

일반적인 콜롬비아 원두는 단지 크기에 따라 크고 균일한 것은 Supremo
(Screen 17 이상이 80% 이상), 상대적으로 작고 다소 불균일한 것은 Ex-
celso(Screen 14 이상)로 분류된다. Supremo의 경우 대체로 일정한 맛을
가지고 있고, 원두의 크기도 일정해 균일한 배전이 가능하고 원두커피용으로
주로 사용된다.

Excelso는 결점수와 원두의 크기에 따라 다시 Extra(Klauss), Europa,
U.G.Q.(Americano), Caracoli 등으로 분류된다. 코끼리 원두라는 별칭을
가진 Maragogype은 일반 콜롬비아 원두보다 2배 정도 큰 원두로, 가격은
매우 높지만 별다른 장점이 없어 수요가 줄고 있고, 생산량도 현저히 줄고 있
다. 재배고도에 따라서는 SHG, HG 등으로 분류가 된다.

수출항

파나마 운하를 경계로 해서 동쪽은 주로 Cartagena(21%), Santa Ma-
rta(18%) 항에서 대서양을 통해, 서쪽은 Buenaventura(80%) 항에서 태
평양을 통해 수출된다.

당나귀와 우안 발데즈

콜롬비아 커피 하면 제일 먼저 떠오르는 건 로고 마크이다. 산을 배경으로
당나귀와 망토를 걸치고 서 있는 콧수염 난 아저씨. 콜롬비아 원두를 사용한
커피에는 항상 이 마크가 그려져 있는데, 실제 콜롬비아의 커피 재배 농부를
모델로 한 것이다.

차가 다니기 불편한 안데스 산맥을 통해 수확한 커피를 수송하고자 지금도 당나귀를 이용하고 있는데, 바로 당나귀와 커피를 수송하는 농부들이 콜롬비아 커피의 상징이 된 것이다. 이 로고는 〈당나귀와 후안 발데즈 아저씨〉라고 불려진다. 후안 발데즈(Juan Valdez)라는 가공 인물의 본명은 카를로스 산체스로, 수십 년간 콜롬비아 커피 광고 모델 및 홍보 요원으로 활동하고 있다.

콜롬비아 수푸리모 (Colombia Supremo : Colombia)

콜롬비아산의 커피는 아라비카종으로 정제는 수세식이 주류. 원두의 크기에 따라 결정되며, 스크린 17 이상이 수푸리모, 14~16이 엑세르소. 수푸리모는 스페인어로 최고급이라는 말대로, 원두는 크고 알차며 당당한 품격이 있다. 산지에 따라 특성이 있으며, 특히 안티오키아주의 메데린산 커피는 향, 풍미, 맛이 뛰어난 최고급품으로 이름이 높다. 커피의 품질에 관해 엄격한 기준을 두고 있는 콜롬비아에서는, 스크린 13 이하의 원두는 수출하지 않고 국내용으로 돌린다.

틴토라고 하는 독특한 스타일의 콜롬비아 커피를 마시는 방법은 흑설탕을 물에 넣어 끓여서 녹인 후, 불을 끄고 커피를 넣고 젓고 뚜껑을 덮어 약 5분 가루가 가라앉는 것을 기다렸다가 윗부분을 마신다.

볶은 원두　　　　　생원두

콜롬비아 수푸리모

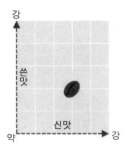

산지	콜롬비아 공화국 메데린지방
향 · 풍미의 특징	적당한 신맛, 부드러운 맛
적합한 볶기	미디엄~시티
적합한 마시기	스트레이트, 블렌드, 아이스커피

에메랄드 마운틴 (Emerald Mountain : Colombia)

콜롬비아 커피 중에서도 엄선된 원두만을 사용한 프리미엄 커피로, 표고 약 600m의 안데스고원에서 재배되고, 열매는 한 알씩 손으로 딴다. 수확한 날에 껍질을 벗기고 하루 발효시켜 안데스산맥의 맑은 물로 세척 후, 상쾌한 고지의 하늘 아래에서 건조시킨다.

등급별로 분류한 원두를 다시 엄선해, 선택된 원두만을 특별히 가공해 여러 번의 컵테스트로 인정된 것만이, 콜롬비아 명품의 보석 에메랄드 마운틴이라는 이름을 받는다. 출하도 특별한 마포에 담겨져 방풍 컨테이너로 수출된다. 향기로운 꽃과 같은 향과 깊은 맛이 있으며, 신맛, 쓴맛, 단맛의 밸런스가 아주 뛰어나다. 에스프레소로 해도 부드러운 단맛을 즐길 수 있다. 부드러운 맛이므로 너무 강하게 볶지 않는다.

볶은 원두   생원두

에메랄드 마운틴

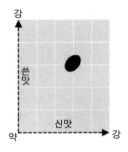

산지	콜롬비아 공화국 안데스고지
향·풍미의 특징	적당한 신맛, 부드러운 쓴맛
적합한 볶기	미디엄~시티
적합한 마시기	스트레이트, 에스프레소, 아이스커피

02 카리브해 중미의 커피

자메이카, 쿠바 공화국,
푸에르토리코, 과테말라 공화국,
온두라스 공화국, 코스타리카 공화국,
엘살바도르 공화국, 니카라과 공화국,
멕시코

어더마일드라 불리는 수세식 아라비카종이 주류인 지역으로, 스페셜티 커피를 많이 생산한다. 중미 최대의 커피산지는 멕시코이며, 생산량의 대부분은 미국에서 소비된다. 한편 세계 최고봉이라는 자메이카의 블루 마운틴은 약 90%, 쿠바의 크리스탈 마운틴은 100%가 일본에 수출된다.

● 멕시코의 커피 생산

생산량·생산상황

중미 중에서는 커피의 생산량이 가장 많은 나라로, 생산되는 대부분이 아라비카종이며 주로 미국에 수출되고 있다.

품질·등급

멕시코산 커피는 중미의 다른 국가들과 마찬가지로, 생산지역의 표고에 따라 '스트릭트리 하이 그로운', '하이 그로운', '프라임 워시드' 등으로 분류된다.

● 니카라과공화국의 커피 생산

생산량·생산상황

최초의 커피재배는 수도인 마나과 근교의 카라소 대지에서 행해졌으며, 1800년대 중반 북부 산악지대에 주거한 독일인을 중심으로 본격적인 커피재배가 개시되었다. 2003년 대일본 수출상품의 약 90%가 커피원두로, 해마다 증가하고 있다.

품질·등급

수세식, 건조식의 두 가지 방법으로 만들어지고 있다. 신맛과 깊은 맛으로, 유럽에서 높은 평가를 얻고 있다.

● 엘살바도르의 커피 생산

생산량·생산상황

중미의 작은 나라로 주요 커피 생산국의 하나이다. 양질의 커피를 안정적으로 생산하고 있다.

품질·등급

엘살바도르산 커피는 '엘살바도르'라 칭한다. 생산지역의 표고에 따라 '스트릭트리 하이 그로운', '하이 그로운', '센트럴 스탠더드' 등으로 분류된다.

● 푸에르토리코의 커피 생산

생산량·생산상황

재배지역은 중부의 산악지대이며 생산량은 많지 않다. 과거에는 로마교황
도 애용했다고 하며, 2회에 걸친 대형 허리케인으로 농원이 파멸적인 피해를
입어, 1세기 가까이 수출이 중단된 적도 있었다.

품질·등급

다른 중미산 원두와 마찬가지로 부드러운 맛과 향이 좋은 원두를 생산하고
있다. 수세식으로 정제되는 '카리비안 마운틴'은 고급품질이다.

● 자메이카의 커피 생산

누구나 한번은 세계에서 가장 값비싼
커피로 알려진 자메이카 블루마운틴에 대
해서 들어본 적이 있을 것이다. 세계적으
로 유명한 자메이카 커피는 수세기동안
전세계의 감식력이 뛰어난 커피 애호가들
로부터 찬사를 받아왔다.

자메이카 커피의 한 등급을 일컫는 블루마운틴은 자메이카 전 국토의 대부
분을 차지하고 있는 산(山) 블루마운틴의 측정지역에서 Jamaica coffee
industry board(자메이카 커피 산업 위원회)가 인정한 사람들에 의해서만
경작되고 가공된 커피를 말한다. 요즘 영국 황실에 공급되는 커피라는 마케
팅에 힘입어 국내에서도 엄청난 고가에 판매가 이루어지면서 여러 논쟁의 대
상이 되고 있지만, 그 어느 누구도 커피의 황제라는 데 이의를 제기하는 사람
은 없다.

커피의 품질을 평가하는 일이 직업인 사람(Cupper)들은 자메이카 블루마운틴의 맛을 Excellent & intense aroma, Fairly good body, Free of all-flavors, Good acidity라고 표현한다. 이 모든 표현이 최상급의 커피를 위한 것이라면 그 맛이 어떠한지 어느 정도 짐작할 수 있다.

역사

1725년에 당시 자메이카의 통치자였던 Nicholas Lawes 경에 의해 Martiniquew로부터 St. Andrew 지역에 처음으로 커피가 도입되었다. 자메이카는 커피 경작에 이상적인 조건을 갖춘 나라로 9년이 지난 후에는 200톤 정도를 수출하게 되었다.

그 후 비약적으로 커피 산업이 발전하기 시작하여 정치적으로 블루마운틴 지역으로 재배가 확대되어 나갔다. 1789년 프랑스 혁명 시기에는 하이티에 살던 프랑스인들이 이후 경작지를 넓혀가며 꾸준히 품질 개선에 힘쓰기 시작하여, 오늘날 커피의 황제라는 이름에 어울리는 품질을 유지하게 되었다. 1807년에는 노예제도의 폐지로 인해 생산이 감소하기 시작하였다.

사탕수수에 의존하던 경제체제를 개선하기 위하여 1932년 의회가 커피 재배를 장려하였고 생산량이 급격히 늘기 시작하였다. 이러한 대량생산이 시작되자 품질에 대한 관심이 자연히 줄어들게 되었고, 1943년부터는 품질이 급격히 떨어지기 시작하여 원두의 재구매가 이루어지지 않게 되었다. 따라서 이러한 문제를 해결하고자 1950년에는 Coffee industry board가 설립되었으며, 1956년에는 코스타리카로부터 Dwarf 종이 도입되었다.

자금이 부족하여 품질 문제를 해결하지 못하던 자메이카에 1969년 일본이 많은 자금을 투자하였고, 생산된 전량을 구매해 주기 시작하자 다시 품질이 개선되기 시작하였다.

생산량·생산상황

국토의 약 80%가 산지이며, 고품질의 아라비카종 생산지로 알려져 있다. 생산량이 적어 시장 가격이 높은 것으로 알려져 있으며, 대부분이 일본에 수출된다.

품질·등급

'블루 마운틴'은 'No.1', 'No.2', 'No.3'의 스크린넘버로 분류된다. 블루 마운틴 지구 이외의 중부 산악지역에서 재배되고 있는 커피는 '하이 마운틴', 그 이외는 '프라임 워시'라 부른다.

● 쿠바의 커피 생산

생산량·생산상황

쿠바 남동부의 커피농원 발상지의 경관은 2000년 세계유산으로 등록되었다. 커피가 도입된 것은 1748년 도미니카공화국의 수도 산토 도밍고에서였으며, 1789년 아이티의 폭동으로 프랑스인이 도망오고나서부터 본격적인 재배가 시작되었다.

품질·등급

수세식·건조식 양방식으로 행해지며, 모두 순한 맛. 등급은 ETL, TL, AL 등이 있으며, 최고급품인 크리스탈 마운틴(CM)은 ETL에 속한다.

• 코스타리카의 커피 생산

1779년 쿠바를 통해 코스타리카에 처음 소개된 커피는 1808년부터 본격적인 재배가 시작되어 1820년 콜롬비아로 국경선을 넘어 첫 수출되었다. 현재 다른 커피 생산국과 마찬가지로 커피는 코스타리카의 가장 중요한 수출품으로 자리잡았으며, 유럽에는 가장 품질이 좋은 커피가 생산되는 국가로 알려져 있다. 로부스타의 재배를 법적으로 금지할만큼 철저한 품질관리로 유명하다.

코스타리카는 화산암이 많아 커피 재배에는 최적의 토양조건을 가지고 있으며, 커피가 주로 고지대에서 재배되고 있어 커피의 성숙이 천천히 진행되어 원두가 단단하고(Hard bean이라고 함) 상큼한 산미와 농후감, 향이 매우 뛰어나다. 커피 재배에 대한 연구도 많이 진행되어, 강한 햇빛에 약한 커피나무를 보호하고자 그늘을 만들기 위해 심는 나무, Shade tree(주로 바나나 나무가 많이 사용됨)를 심지 않고 단위면적 당 재배하는 나무의 수를 늘려 서로 햇빛을 차단하는 방법을 채택하고 있다.

생산량·생산상황

카리브해를 마주하고 있는 동부의 경사면(150~1000m)과, 태평양에 면하고 있는 고지(500~1600m)에서 재배되고 있다. 주요 상품으로는 산호세, 카르타고, 산카르로스 등이 있다.

품질·등급

큰 알맹이의 원두로, 적정한 신맛과 부드러운 맛이 있다.

• 온두라스의 커피 생산

생산량·생산상황

대부분이 소규모의 생산자이며, 대규모 농원은 약 20%로, 중남미 여러 나라 중에서도 극히 적다.

품질·등급

온두라스산 커피는 생산지역의 표고에 따라 '스트릭트리 하이 그로운', '하이 그로운', '센트럴 스탠더드' 등으로 분류된다.

• 과테말라의 커피 생산

생산량·생산상황

스페셜티 커피로의 추진이 진전되어 있으며, 안티구아와 아티트란 등이 특히 고품질의 커피산지로 유명하다.

품질·등급

과테말라산의 커피로는 안티구아에서 생산된 '과테말라 안티구아'가 잘 알려져 있다. 생산지역의 표고에 따라 분류된다.

〈카리브해 중미의 커피 원두 소개〉

블루 마운틴 No.1 (Blue Mountain No.1 : Jamaica)

커피의 왕이라 불리는 자메이카산의 최고급품인 블루 마운틴은, 자메이카 동부 블루 마운틴 산맥의 표고 800~1200m 지대의 한정된 지역에서 재배된다. 재배지역은 법률로 정해져 있어, 설령 근처에서 채취되는 고품질의 원두라도 블루 마운틴이라는 이름을 사용할 수 없다.

원두는 아라비카종 원종에 가까운 티피아종으로, 맛과 향은 좋지만 병충해에 약하기 때문에 재배를 피하는 생산국이 많은데, 자메이카에서는 품질을 고집한 재배를 계속하고 있다. 자메이카의 커피는 재배지의 표고와 원두의 크기, 결함수에 따라 분류된다. 블루 마운틴은 No.1~ No.3과 트리아즈로 구분되며, No.1은 특히 원두가 크고 결함원두는 최대 2%, 고급스러운 화려한 향기, 신맛, 쓴맛 모두 부드러워 마시기 좋다.

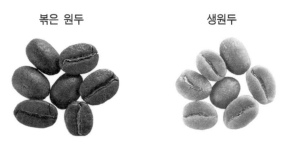

| 볶은 원두 | 생원두 |

블루 마운틴 No.1

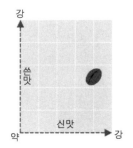

산지	자메이카 블루 마운틴 산맥
향 · 풍미의 특징	깔끔한 감촉, 부드러운 맛
적합한 볶기	지니고 있는 맛을 느끼기 위해서는 미디엄 로스트가 베스트
적합한 마시기	스트레이트

블루 마운틴 (Blue Mountain : Jamaica)

블루 마운틴 지역의 농원은 산악지대의 급한 경사면에 있으며, 단시간에 몇 번이고 생겨났다 사라지기를 반복하는 블루 마운틴 미스트라 불리는 안개와 주야 15℃ 이상의 격심한 기온차가 향, 맛, 깊이의 절묘한 밸런스를 이룬다. 기계로의 작업이 곤란하므로 수작업으로 수확한다. 잘 익은 빨간 열매만을 1알씩 딴다.

　바람을 이용한 무게 선별로 크기와 무게를, 전자선별로 질을 구분하고, 다시 기계에서 빠트린 결함두 등을 사람이 선별한 다음에 스크린 검사와 컵테스트를 거치는 등, 엄격한 검사를 거친 원두만이 수출용으로 인정되어 나무통에 채워저 출하된다.

　나무통에 채워지는 커피는 세계에서 블루 마운틴과 하이 마운틴뿐이다. 엄선된 푸른빛을 띤 큰 원두는, 호흡을 하는 나무통에 의해 적정한 온도와 습도가 유지되어, 최고의 품질을 지킬 수 있다.

볶은 원두　　　　**생원두**

블루 마운틴

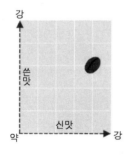

산지	자메이카 블루 마운틴 산맥
향·풍미의 특징	향기로운 향, 부드러운 맛
적합한 볶기	중간볶기
적합한 마시기	스트레이트

하이 마운틴 (High Mountain : Jamaica)

자메이카산의 원두로 블루 마운틴 다음의 고급품이다. 자메이카의 커피는 한정지구에서만 재배되는 블루 마운틴과 주로 섬 중부의 산악지대 표고 500~1000m에서 채취되는 하이 마운틴, 표고 300~800m 저지대의 프라임 워시 3종류로, 전생산량의 약 70%를 차지하고 있다.

하이 마운틴은 블루 마운틴과 비슷한 맛으로, 블루만의 형제라 불리기도 한다. 가격도 블루 마운틴보다 합리적이라는 느낌이 있다. 블루 마운틴과 비슷한 섬세함이 더해져 독특한 단맛도 있다. 자메이카의 커피재배는 1730년경 자메이카 총독이 프랑스령 마르티니크 섬에서 들여온 것이 시작이었다. 커피산업은 성쇠를 거듭하여 대량생산으로 품질이 떨어진 적도 있었지만, 1950년경부터 품질향상에 노력하여 세계 굴지의 커피를 만들어내고 있다.

볶은 원두   생원두

하이 마운틴

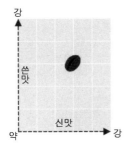

산지	자메이카 중부산악지대
향 · 풍미의 특징	향기로운 향, 순한 쓴맛, 적당한 신맛
적합한 볶기	미디엄
적합한 마시기	스트레이트, 블렌드

하이 마운틴 피베리 (High Mountain Peaberry : Jamaica)

통상 1개의 커피열매 속에 원두가 2개 들어있지만, 드물게 1개밖에 들어 있지 않은 원두를 피베리라 한다. 2개 들어 있는 보통의 원두는, 열매 속에서 마주하고 있는 면이 평평한 납작한 원두이지만, 피베리는 땅콩과 같이 둥그스름한 모양을 하고 있다. 커피의 나뭇가지 끝에 열리는 경우도 있으며, 하나의 나무에 열리는 원두 가운데 10% 정도이다. 수가 적고 둥글기 때문에 균일하게 볶기 쉽고 뛰어난 향이 난다.

하이 마운틴 피베리는 자메이카의 하이 마운틴 나무에 열린 피베리. 원두의 크기는 블루 마운틴과 하이 마운틴의 납작한 원두가 스크린 17~18인데 대해, 피베리는 10~13의 작은 크기. 보통의 하이 마운틴과 마찬가지로 균형이 잘 잡힌 부드러운 맛이 있다.

볶은 원두　　　　　　생원두

하이 마운틴 피베리

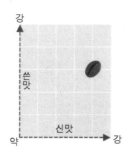

산지	자메이카 중부산악지대
향·풍미의 특징	풍부한 향과 깊이와 단맛, 적당한 쓴맛, 순한 신맛
적합한 볶기	미디엄
적합한 마시기	스트레이트(부드러운 맛은 반드시 스트레이트로 즐긴다.)

크리스탈 마운틴 (Crystal Mountain : Cuba)

서인도제도에서 가장 큰 쿠바는 동서로 길며, 커피는 주로 중부와 서부의 산악지대에서 재배되고 있다. 크리스탈 마운틴은 중앙부 센페고스주에 위치한 표고 약 1000m의 에스칸브라이산맥에서 재배되는 캐리비언 커피의 대표격이다.

쿠바 커피의 등급은 원두의 크기와 결함수로 정해진다. 크리스탈 마운틴은 스크린 18/19로 알맹이가 크고, 300g 중의 결함수는 4, 전생산량 중 3%밖에 채취되지 않으며, 최고급품이다. 에스칸브라이산맥이 수정의 산지였기 때문에, 높은 품질의 표시로서 이름이 지어졌다. 맛도 크리스탈처럼 맑고, 신맛과 쓴맛도 부드러운 상급품. 브라질과 콜롬비아, 모카 등과 블렌드하면 부드러움에 깊이가 더해진다.

볶은 원두   생원두

크리스탈 마운틴

산지	쿠바 공화국 에스칸브라이산맥
향·풍미의 특징	부드러운 향, 순한 신맛·쓴맛
적합한 볶기	볶기는 섬세한 풍미를 잃지 않도록 살짝 볶는다
적합한 마시기	스트레이트, 블렌드

쿠바 AL (Cuba Al : Cuba)

적당한 가격과 고급품에 필적하는 멋으로 인기상승중의 상품이다. 쿠바의 커피는 크리스탈 마운틴을 톱으로, ETL(엑스트라 투르키노 라밧), TL(투르키노 라밧), AL(알투라 라밧) 등으로 분류된다. 고급품으로 유명한 크리스탈 마운틴과 시에라 나에스트로는 표고 1000m 이상의 산지에서 재배되지만, 쿠바에서는 표고 300~500m의 지역에서도 재배되고 있다.

AL은 이른바 표준적인 품질로, 부드러운 쓴맛과 신맛, 고급스러운 풍미가 특징이다. 적당한 가격이면서 자메이카의 고급커피인 블루 마운틴과 비슷한 맛을 지니며, 최근 인기가 높다. 가벼운 맛으로 특별한 성향이 없기 때문에, 블렌드의 베이스로 사용하는 경우도 있다. 오래 볶아 에스프레소나 아이스커피에 사용하면 부드럽다.

쿠바 AL

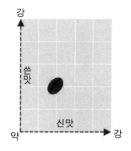

산지	쿠바 공화국
향·풍미의 특징	부드러운 향, 적당한 신맛·쓴맛
적합한 볶기	미디엄~시티
적합한 마시기	스트레이트, 블렌드, 에스프레소, 아이스커피

캐리비언 마운틴 (Caribbean Mountain : Puerto Rico)

서인도제도 동쪽 끝에 떠있는 푸에르토리코의 산악지대 표고 1000m 이상의 농원에서 계약재배되는 희소한 최고급품이다. 푸에르토리코의 커피는 18세기에 프랑스령 마르티니크섬에서 커피나무가 전해져, 19세기에는 세계 제6위의 수출량을 자랑해왔다. 그 후 허리케인과 다른 산업의 확대로 일시적으로 쇠퇴했었지만, 과거에 로마황제에게 헌상되었던 라레스라는 최고급 상품 등, 고급품의 커피가 만들어지고 있다.

캐리비언 마운틴은 부드러운 단맛과 고급스러운 신맛과 깊은 맛이 특징이다. 원두는 수세식으로 정제되며, 변질 방지를 위해 방충 컨테이너로 수출된다. 밀크를 넣지 않은 스트레이트로 희소한 맛을 즐길 수 있다.

볶은 원두   생원두

캐리비언 마운틴

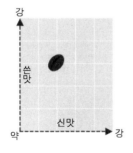

산지	아메리카 자치령 푸에르토리코 남서부
향·풍미의 특징	부드러운 단맛, 고급스러운 신맛
적합한 볶기	미디엄
적합한 마시기	스트레이트(단맛을 즐기기 위해서는 스트레이트가 최적)

과테말라 S·H·B (Guatemala SHB : Guatemala)

중미 과테말라산의 최고급품이다. 과테말라는 국토의 약 70%가 산악 등의 고지대로, 비옥한 화산토양과 고지대 특유의 기온차, 풍부한 강우량 등 커피재배에 최적지이다. 주요 산지는 수도 과테말라시티의 북부 코반, 세계유산으로 지성되어 있는 안티구아, 서부의 치마르테난고, 산마르코스 등. 재배되는 것은 주로 아라비카종으로, 정제는 수세식이며, 원두의 등급은 산지의 고도에 따라 분류된다.

SHB는 스트릭트리 하드 빈의 약어로, 1350m 이상의 고지에서 재배되는 원두. 그밖에 HB(하드 빈), 세미 하드 빈(SHB), 엑스트라 프라임 워시드(EPW), 프라임 워시드(PW) 등 모두 5등급이 있다. 과테말라 S·H·B는 풍부한 방향과 고급스러운 맛을 지니고 있다. 강한 떫은 맛을 살려 블렌드로 이용하는 경우도 있다.

볶은 원두   생원두

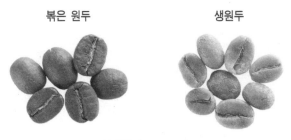

과테말라 S·H·B

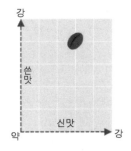

산지	과테말라 공화국 안티구아
향·풍미의 특징	독특한 향, 쓴맛, 강한 신맛
적합한 볶기	미디엄~시티
적합한 마시기	스트레이트, 블렌드, 에스프레소

온두라스 (Honduras)

온두라스의 커피재배는 이웃나라 엘살바도르 등을 거쳐 전해졌으며, 1870년대에 생산이 본격화되었다. 온두라스는 국토의 약 65%가 산악지대로, 주산지는 서부의 산타 바바라, 마야문명의 유적으로 유명한 코판, 중서부의 코마야과, 남부의 초루테카, 동부의 렌피라 등 소규모 농원이 많다.

엘살바도르에 가까운 마르카라 지구의 퇴적토양의 농원이 화산토양산의 것보다 부드러움이 뛰어나 즐겨 찾고 있다. 온두라스 커피의 등급은 재배지의 표고에 따라 분류된다. 표고 1200m 이상이 스트릭트리 하이 그로운, 900~1200m는 하이 그로운, 600~900m는 센트럴 스탠더드가 된다. 부드럽고 강하지 않은 맛으로 아주 친숙한 맛이다. 블렌드로 이용하면 독특한 신맛이 강해진다.

볶은 원두   생원두

온두라스

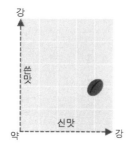

산지	온두라스 공화국 서부~남부 산악지대
향·풍미의 특징	풍부한 향, 뛰어난 신맛
적합한 볶기	미디엄
적합한 마시기	스트레이트, 블렌드

코랄 마운틴 (Coral Mountain : Costa Rica)

코스타리카산 최고급품. 파나마와 니카라과에 접해있는 코스타리카는 면적이 작은 나라이다. 태평양과 카리브해에 면하고 있으며, 중앙에는 표고 1600m의 고원지대로, 서부에는 표고 4000m급의 산맥이 늘어서 있다.

코랄 마운틴은 수도 산호세 서부 산악지대의 엄선된 농원에서 재배된다. 3~4월에 커피의 꽃이 피고 12월경에 열매가 익으면, 표고 1500m 전후의 급경사면에 있는 농원에서는 농민이 미끌어져 떨어지지 않도록 몸에 로프를 감고 몽키스타일이라 부르는 방법으로 수확한다. 빨갛게 익은 열매만을 한 알씩 따서 수세식으로 정제하고, 7일간 햇빛에 건조시킨다. 이렇게 정성을 들인 커피는 쓴맛이 적고, 고급스러운 신맛과 부드럽게 숙성된 단맛과 깊은 맛을 지닌 일품으로 알려져 있다. 오래 볶으면 신맛이 약해져 부드러워진다.

볶은 원두　　　　생원두

코랄 마운틴

산지	코스타리카 공화국 코라리조
향·풍미의 특징	부드러운 향, 깊이 있는 맛, 단맛
적합한 볶기	미디엄~시티
적합한 마시기	스트레이트, 블렌드, 에스프레소

엘살바도르 (El Salvador)

엘살바도르는 온두라스의 서남 방향에 위치하고 있는 나라로, 면적은 21,000km²로 중미에서도 작은 나라에 속한다. 화산지대로 지진이 많고 근면한 국민성을 지니고 있다. 커피재배는 1856년에 과테말라에서 정식으로 독립한 후 본격화하여, 중미 최고의 생산량을 자랑한 시기도 있었다.

1929년의 세계공황과 내전, 쿠데타 등의 영향으로 생산량은 감소했지만, 현재도 커피는 엘살바도르 농업생산량의 3분의 1을 차지하여, 국가의 경제를 지탱하고 있다. 국토의 대부분은 600m 이상의 고원으로, 커피의 생산지는 서부의 산타아나, 중부의 라리베르타, 동부의 우수루탄, 산미구엘 등이다. 재배되는 것은 아라비카종이며 95%가 수세식, 나머지는 건조식으로 정제된다. 맛은 부드럽고 고지산의 것은 깊은 맛이 있다. 온두라스와 마찬가지로 신맛을 살린 블렌드에 알맞다.

볶은 원두   생원두

엘살바도르

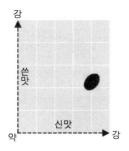

산지	엘살바도르 공화국
향·풍미의 특징	적당한 신맛, 깊은 맛
적합한 볶기	미디엄
적합한 마시기	스트레이트, 블렌드

마라고지페 (Maragogipe : Nicaragua)

티피카종의 돌연변이종으로 브라질의 마라고지페에서 발견되었다. 브라질과 멕시코, 콜롬비아 등 주로 중남미에서 재배되며, 이 상품명은 니카라과산인데, 대부분이 구미로 수출되기 때문에 우리들에게는 잘 알려져 있지 않지만, 쓴맛, 신맛, 단맛의 균형이 잘 잡혀있고 깊이가 있는 고품질의 커피이다.

주산지는 서부 태평양 연안의 마나과, 중부의 마다가르파, 이노테가 등이며, 등급은 산지의 표고에 따라 1500~2000m의 스트릭트리 하이 그로운(SHG)부터 1300~1500m의 하이 그로운(HG), 1000~1300m의 미디엄 그로운(MG), 500~1000m의 로우 그로운(LG)으로 분류된다. 마라고지페는 알이 크고 부드러운 풍미로, 스트레이트는 순한 신맛이 있다.

붉은 원두　　　　생원두

마라고지페

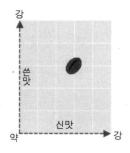

산지	나카라과 공화국
향 · 풍미의 특징	진한 향, 밸런스가 잘 잡힌 쓴맛, 신맛, 단맛
적합한 볶기	미디엄
적합한 마시기	스트레이트

03 아프리카·중동

탄자니아 연합공화국
에티오피아 인민민주공화국
예멘 공화국
케냐 공화국
영국령 세인트헬레나

아프리카 대륙에서는 많은 나라들이 커피를 생산하고 있으며, 주요 생산국은 에티오피아, 케냐, 우간다 등이다.

에티오피아, 탄자니아, 케냐에서는 아라비카종의 생산이 많지만, 다른 나라는 로부스타종이 중심이다. 그중에서도 우간다의 로부스타종이 고급품으로 알려져 있다. 그밖에도 리베리카종의 원산지로 알려져 있는 리베리아에서도, 해안선 일대에서 커피를 생산하고 있다. 탄자니아의 킬리만자로는 아프리카를 대표하는 상품이며, 케냐의 커피는 주로 유럽에 수출되고 있다.

'모카'는 에티오피아인가, 예멘인가?

세계적으로 알려져 있는 '모카커피'는 1종류의 원두가 아니다. 에티오피아와 예멘공화국이라는 홍해를 사이에 두고 마주하고 있는 2나라에서 재배되고 있으며, 에티오피아 동부의 하라 근교산의 원두를 '모카 하라', 예멘의 바니마타루 지방산의 원두를 '모카 마타리'라 한다. 이를 총칭하는 '모카'는 유럽과의 커피교역의 발단이 된 예멘의 항구도시 '모카항'에서 유래하였다.

● 예멘의 커피 생산

생산량·생산상황

아라비아반도를 남북으로 가로지르는 고원지대가 커피재배에 가장 적합하며, 세계적으로 유명한 모카커피의 산지로 알려져 있다. 향이 좋은 아라비카 종이 산출된다.

품질·등급

독특한 맛과 향, 단맛이 있는 깊은 맛이 모카의 펜들을 매료시킨다. 그러나 역사상 유명한 모카는 에티오피아산의 커피를 예멘의 모카항에서 출하한 것이다.

● 케냐의 커피 생산

에티오피아와 이웃한 나라인 케냐에 커피가 전파된 것은 1893년이다.

초기에는 Taita 언덕의 Buro 지역에서 아주 작은 규모로 커피가 재배되기 시작했는데, 현재는 아프리카에서 에티오피아 다음으로 많은 아라비카 커피가 생산되고 있다. 품질관리가 철저하게 이루어지고 있어 주변 아프리카 국가들의 본보기가 되었다.

일년에 뚜렷한 우기가 두 번 있어 수확기도 두 번이다. 전체 수확량의 65% 정도를 차지하며 품질이 상대적으로 좋은 수확기는 11월에서 이듬해 1월까지이고, 나머지는 5월에서 6월에 걸쳐 수확이 이루어진다.

품종

Arabica(99.99%)-Bourbon, Kent, Ruiru II Robusta(0.01%)

재배지역

케냐에서 수도 나이로비에 이르는 지역의 Nyeri, Menu, Embu, Ruiru 등지에서 많은 양의 커피가 생산되고 있으며, Machakos, Kish 지역, 우간다와 인접한 Elgon 산에서도 커피가 생산되고 있다.

생산량·생산상황

동아프리카의 적도 바로 밑에 있으며, 표고 1000~2500m의 지대이다. 커피의 주요 산지는 수도 나이로비 근교를 중심으로, 루일, 키암푸, 치카 등 광범위하다.

품질·등급

양질이며 독특한 향과 깊은 맛으로 정평이 나있다. 주요 상품으로는 키암푸, 루일, 키타레, 카카메가 등이 알려져 있다.

수세식으로 가공된 케냐의 커피는 원두의 크기, 밀도, 색깔이 따라 PB, AA(AA Plus-Plus, AA Plus, AA로 세분됨. Screen 17 & 18), AB (Screen 15 & 16), C(Screen 14 & 15), TT(Light beans), T(TT보다 작은 Light beans), UG(Ungraded)의 여덟 등급으로 구분된다. M^2 Buni (Deteriorated bean을 자연 건조한 것)라고 불리는 자연 건조된 커피는 MH(Heavy)와 ML(Light) 두 등급으로 분류된다.

● 세인트헬레나의 커피 생산

생산량·생산상황

생산량은 적지만 나폴레옹 시대부터 커피생산 전통을 자랑한다.

품질·등급

아라비카종 계열의 부르봉종의 재배지로 알려져 있다. 생산량이 적기 때문에 시장 가격은 높다.

● 에티오피아의 커피 생산

에티오피아는 아라비카 커피의 원산지로, 연간 약 34만 톤 가량을 생산하는 세계 10대 커피 생산국이다. 인간의 발길이 닿기 이전부터 야생에서 커피가 자라고 있었고, 현재도 야생에서 수확하는 양이 상당히 많다. 커피는 아직까지도 일상

생활에서 뿐만 아니라 경제적으로도 매우 중요한 역할을 하고 있다.

전체 인구의 25%에 해당하는 1,200만 명 이상이 커피와 관련된 일에 종사하고 있으며, 커피가 제1의 수출품으로 전체 수출액의 60% 이상을 차지하고 있다. 에티오피아 사람들은 커피를 많이 마시는 것으로도 유명한데, 생산되는 양의 40% 이상을 자국민이 소비하고 있다.

에티오피아는 아프리카에서 가장 넓은 면적을 가지고 있는 나라의 하나로, 200개 이상의 언어가 통용되는 약 70여 소수민족으로 구성된 다민족 국가이다. 에티오피아 내에서도 커피는 Bunna, Bun, Buna, Bonia, Kawa 등의 다양한 이름으로 불리어지고 있다. 이러한 이름이 커피의 원산지인 에티오피아의 Kafa와 Buno 지역의 이름에서 유래된 것으로 추정하고 있다.

에티오피아 커피 일반

에티오피아는 국토의 절반 이상이 고원으로 이루어져 있는데, 커피의 주요 산지는 남부 고원지대이다. 커피가 재배되는 지역의 고도는 해발 550~

2,750m로 다양하나, 대부분의 지역은 해발 1,300~1,800 정도이다. 지역별로 커피맛의 차이가 있지만 공통적으로 와인향(Winey)과 과일향(Fruity)이다. 다소 긴 타원형이며, 형태가 불균일한 편이라 배전시 원두 간의 색도차이가 다소 있다.

생산지

에티오피아의 커피 생산지는 남서쪽의 Illubabor, Kaffa, Gambela, Wollega, Asoso와 남쪽의 Sidamo, Borena, 동쪽의 Harrar 세 곳으로 크게 분류가 가능하다. Djimmah, Kaffa, Ghimbi, Sidamo, Harrar, Limu 등이 잘 알려진 커피 생산지인데, 이 산지의 이름을 따서 커피의 이름이 지어졌다.

재배방식

에티오피아 커피는 재배방식에 따라 Forest coffee, Semi-forest coffee, Garden coffee, Plantation coffee로 분류되며, 이 중 95% 정도가 유기농 커피(Organic coffee)이다.

① Forest coffee

에티오피아의 남서쪽에서 발견되는데 숲에서 자생하는 커피이다. 전체 생산량의 10% 정도를 차지하는데, 숲을 이루고 있는 다른 나무의 그늘에서 커피가 서서히 자라 향미가 매우 뛰어나다.

② Semi-forest coffee

에티오피아의 남서쪽과 남쪽 지역의 농부들이 커피 재배에 적합한 숲을 골라 기존의 나무를 솎아내고 커피를 심어 재배하는 방식으로, 전체 생산량의 35% 정도를 차지한다. Forest coffee를 인위적으로 만든 것으로 품질이 좋다.

③ Garden coffeee

에티오피아의 동남부 또는 남부 지역의 커피 재배 방식으로 농부들의 거주지와 가까운 지역에서 주로 이루어진다. 나무의 밀도가 높지 않도록 헥타르 당 1,000~1,800 그루의 커피나무를 다른 작물과 번갈아 심은 후 유기 비료를 주며 재배한다. 전체 생산량의 35% 정도가 이에 해당한다.

④ Plantation coffee

대규모 농장에서 재배된 커피로, 전체 생산량의 15% 정도를 차지한다.

수확과 가공

에티오피아에서는 잘 익은 열매만을 선택적으로 수확하는 것이 대부분이다. 수확한 커피는 생산지에 따라 건식법과 수세식에 의해 가공된다.

에티오피아 커피 중 Harrar와 Ghimbi가 가장 향이 강한 종으로 흔히 모카라고 불리며, Kaffa(Djimmah)는 농후감과 산미가 두드러지는 아주 깨끗한 맛을 가지고 있다. 이들은 자연건조법에 의해 가공된 커피로 전체 생산량의 70% 정도를 차지한다. Yrga cheffe, Sidamo, Limu는 한결 부드러운 특징을 가지고 있는데 주로 수세식으로 가공된다.

Kaffa 지역에서 재배된 커피 중 수세식에 의해 가공된 커피는 Limu, Bebeka가 있고 자연건조에 의한 커피는 Djimmah가 있다. Sidamo의 경우 Grade 1, 2는 수세식에 의해 가공된 커피를, Grade 3, 4는 자연건조된 커피를 말한다. Yrga Cheffe는 sidamo 지역 중 최상급의 커피가 나는 지역으로 유명하다.

등급

에티오피아 원두는 결점수에 따라 8등급으로 분류된다. 이 중 3~4등급은 U.G.Q(Usual Good Quality)라 불리며, 7~8등급 커피는 수출이 불가능하다. Harrar의 경우에는 원두 크기에 따라 Bold grain, Long berry, Short berry의 세 등급으로 분류된다. 과일의 풍미가 깊다. 특히 모카 하라 는 최고급품으로 알려져 있으며, 결함두가 적은 것을 높게 평가하고 있다.

수출앙

에티오피아와 에스트리아(아프리카 북동부에 있는 나라) 간의 영토 분쟁이 있기 전에는 에티오피아 커피가 에스트리아의 두 항구 마사와(Massawa)와 아삽(Assab)을 통해 수출되었으나, 현재는 지보타(Djibouti) 항을 통해서 만 수출이 이루어지고 있다.

생산량·생산상황

커피 이름의 유래라고 하는 카파지방과 남부의 시다모지방, 동부의 고원지 대 하라가 가장 유명한 산지이다.

● 탄자니아의 커피 생산

탄자니아 민속학자들에 의하면 탄자니 아에는 17세기에 현재의 부코바(Buko-ba) 지역에 처음으로 로부스타 커피가 도입되었다고 한다.

처음에는 커피의 과육을 동물의 지방 과 섞어 환으로 만들어 전사나 여행자의

식량으로 사용했을 것이라고 추정되며, 19세기에 이르러 로부스타의 상업성 이 크게 진작되면서부터 본격적인 커피 재배가 시작되었다. 아라비카 커피는 1893년에 예수회 선교사에 의해 Bourbon 종이 킬리만자로 산에 심어진 것 이 시초가 되었으며, 1920년에는 Bourbon보다 질병에 잘 견디는 Kent 종

이 도입되어 널리 퍼졌다.

킬리만자로에서 재배된 Bourbon은 산미와 농후감이 좋으며, 향이 강하고 뛰어난 것으로 유명하다.

품종

Arabica(75%)-Bourbon, Kent, Blue Mountain, Typica, Nyara
Robusta(25%)

재배지역

수세기 아라비카 커피의 주요 생산지로는 킬리만자로 산에 있는 Moshi 지역과 메루(Meru) 산의 Arusha 지역, Oldeani 지역이 유명하다. 자연건조식 아라비카 커피는 Bukoba, 로부스타 커피는 Bukoba, Usambara, Karaqwe, Biharamulo 지역 등이 알려져 있다.

등급

수세식 아라비카 커피는 고급원두(Superior qualities)와 저급원두(Lower qualities)로 우선 구분이 되며, 고급원두는 원두 크기에 의해 AA(Sound beans, Screen 18), A(Screen 6.75mm/7.25mm), AMEX(type A without guaranteed 'clean cup'), B(Sound bean, Screen 15.5 & 14.5), C(Screen 5.75mm/6.25mm), PB(Peaberries)로 구분된다. 저급원두는 E(Elephant beans), AF, TT, T, F, HP 등으로 구분되는데, 이들은 고급원두에서 분리된 결함원두들이다. 자연건조된 아라비카와 로부스타는 FAQ(Fair Average Quality)와 UG(Ungraded), Triage로 구분된다. 아라비카종 중에서도 알이 크고 신맛, 깊은 맛이 뛰어나다. 향도 깊어 최고품으로 유럽에서 인기가 높다.

수출양

커피는 Tanga 항을 통해서 약 70%가, Dar Es Salam 항을 통해서 30% 정도가 미국, 독일, 일본, 영국 등으로 수출되고 있다.

생산량·생산상황

상품명으로도 되어 있는 킬리만자로 산기슭의 완만한 경사의 평야인 모시 (Moshi)를 중심으로 한 산악 초원지대와, 인접한 아류샤 지역이 가장 유명한 커피 재배지이다.

〈아프리카 · 중동의 커피 원두〉

킬리만자로 AA (Kilimanjaro AA : Tanzania)

탄자니아에서 생산되는 아프리카를 대표하는 상품명이다. 커피재배에 적합한 비옥한 화산토양이며, 연간 1200mm를 넘는 아프리카 중에서는 풍부한 강우량을 보이는 킬리만자로산의 산기슭에서 재배된다. 탄자니아의 커피원두는 크기와 무게에 따라 분류되며 AA, A, B, AF, C, TT, F, E 등의 등급이 있다.

AA는 가장 알이 큰 최고급품이며, 기호와 기분에 맞추어 폭넓게 즐길 수 있는 원두이다. 킬리만자로는 강한 향과 과일과 같은 신맛, 진한 깊은 맛이 있으며, 밀크와 설탕을 첨가해도 풍미를 잃는 일이 없기 때문에, 볶는 방법과 만드는 방법에 따라 폭넓게 즐길 수 있다. 중간 볶기는 스트레이트로, 오래 볶기는 깊은 맛과 향이 강해져 에스프레소나 아이스커피 등에 알맞다. 만드는 방법도 드립, 커피메이커, 사이펀, 퍼코레이터 등 종류를 가리지 않는다.

볶은 원두

생원두

킬리만자로 AA

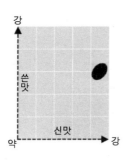

산지	탄자니아 연합공화국 북부 킬리만자로산택
향·풍미의 특징	강한 향, 상쾌한 신맛, 적당한 쓴맛
적합한 볶기	미디엄~풀시티
적합한 마시기	스트레이트, 카페오레, 에스프레소, 아이스커피

에티오피안 모카 (Ethiopian Mocha : Ethiopia)

커피의 발상지라고 하는 에티오피아에서 재배되는 것은 이 나라 원산인 아라비카종이다. 에티오피아는 국토의 대부분이 고지이며, 북서에서 남서부로 펼쳐진 아비시니아와 동부의 하라고원이 커피의 주요 산지이다. 대규모 농원형 외에 야생목을 이용한 야생커피도 생산되고 있다.

모카 하라는 하라고원산이며, 그밖에 아비시니아고원 남부의 시다모지방에서 생산되는 모카 시다모와 카파지방의 모카 짐마 등이 알려져 있다. 원두의 등급은 300g 안의 결함두 수에 따라 1~8의 등급이 있으며, 수출되는 것은 결함두 수 46~100의 등급 5 이상으로 정해져 있다.

모카 하라는 모카 특유의 달고 향기로운 모카향과 풍부하고 깊은 맛이 있다. 신맛을 즐기기 위해서는 스트레이트가 최적이다. 블렌드로 이용하면 모카 특유의 신맛이 부드러워진다.

| 볶은 원두 | 생원두 |

에티오피안 모카

산지	에티오피아 인민민주공화국 동부 하라지방
향·풍미의 특징	독특한 향, 강한 신맛
적합한 볶기	미디엄~시티
적합한 마시기	스트레이트, 블렌드, 아이스커피

모카 마타리 (Mocha Mattari : Yemen)

아라비아반도 남서 끝의 나라 예멘산의 스페셜티 커피이다. 예멘의 커피산지는 서부의 산악지대와 중부의 고원지대 표고 1000~2000m 지점에 많으며, 모카 마타리는 서부의 바니마타리지구의 계단식 밭에서 재배되고 있다.

바니마타리지구는 강우량이 많아 커피재배에는 이상적인 환경이다. 모카는 예멘 남서해안의 홍해에 면해 있는 항구도시의 이름으로, 과거 이 항구에서 커피가 선적된 일과 관련하여, 예멘과 에티오피아산 커피명으로 지어지게 되었다. 1628년에 네덜란드가 모카 커피를 수입한 것을 시작으로, 모카 커피는 일약 인기를 얻었다. 모카다운 신맛을 즐기려면 살짝 볶고, 카페오레나 아이스커피는 오래 볶는다.

그 후 모카항은 폐쇄되었지만, 지금도 명칭과 인기는 변함이 없다. 모카 마타리는 개성적인 모카 중에서도 독특한 모카향과 신맛이 강하다.

볶은 원두   생원두

모카 마타리

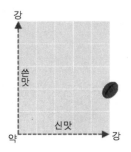

산지	예멘 공화국 바니마타리지방
향·풍미의 특징	독특한 향, 강한 신맛
적합한 볶기	미디엄~시티
적합한 마시기	스트레이트, 카페오레, 아이스커피

세인트헬레나 (Saint Helena)

브라질에서 2900m 남태평양의 세인트헬레나 섬에서 재배되는 희소한 커피이다. 1815년부터 6년간 나폴레옹이 유배되었던 곳으로 알려진 세인트헬레나는, 길이 16km, 폭 10km, 최고 표고 822m의 작은 섬이다. 우기와 건기가 있는 열대성 기후와 화산토양이라는 커피재배에 적합한 환경으로, 18세기초부터 커피를 생산해왔다.

이 상품은 1732년에 세인트헬레나 섬에 심어진 나무의 계통에 속하는 부르봉종이다. 부르봉종은 아라비카종 원종의 하나로, 1715년에 프랑스 동인도회사가 예멘에서 부르봉섬에 이식한 것이 시작이다. 품질은 높지만 병충해에 약해 생산량은 적고, 원두는 커서 품격이 있고 고급스럽다.

육지에서 멀리 떨어진 외딴 섬으로 270년 이상의 역사를 이어온 순수한 부르봉종은 회소품으로 환상의 커피라 불리고 있다.

볶은 원두　　**생원두**

세인트헬레나

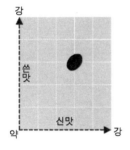

산지	영국령 세인트헬레나
향·풍미의 특징	고급스러운 향, 신맛, 양질의 쓴맛
적합한 볶기	미디엄
적합한 마시기	스트레이트

아시아의 커피

인도네시아 공화국, 베트남 사회주의공화국, 중화인민공화국

아시아에서는 인도네시아, 말레이시아, 태국, 베트남, 라오스, 필리핀, 인도, 중국 등에서 생산되며, 베트남과 인도네시아와 인도가 수출량 세계 2, 4, 5위를 차지하고 있다.

생산되는 원두는 로부스타종이 중심이지만, 인도네시아의 만델링과 트라자 등 아라비카종의 고급상품도 있다.

● 중화인민공화국의 커피 생산

생산량·생산상황

경제발전과 함께 자국에서의 커피 소비가 증가하고 있는 중국에서는, 최남부 아열대의 운남성에서 커피가 재배되고 있다. 로부스타계 품종 외의 품종도 생산이 증가하고 있다.

품질·등급

최고급은 아니더라도 로부스타종의 양질의 원두가 생산되고 있다.

● 베트남의 커피 생산

생산량·생산상황

최근 브라질에 이어 생산량 세계 제2위에 올랐다. 프랑스 식민지 시대에 시작된 커피재배였지만, 중부의 고원을 중심으로 해마다 넓어지고 있다.

품질·등급

본래 쓴맛이 강한 로비스타종이 주였지만, 최근은 차리종, 카티모종 등 다양한 품종이 재배되고 있다. 특히 베트남에서만 생산되고 있는 '세에종'은 아라비카종과 블렌드되는 경우가 많으며, 쓴맛이 적다.

● 인도네시아의 커피 생산

인도네시아 공화국(Republic of In- donesia)은 제2차 세계대전 전에는 네덜란드령 동인도였으나, 1945년 8월 독립하였다. 국명은 19세기 중엽에 영국의 언어학자인 J.R. 로건이 명명한 것으로 '인도 도서(Indo Nesos)'라는

뜻이다. 현지인들은 '누산타라(Nusantara'라는 명칭을 주로 사용하는데, 이는 중세 때 자바의 주민들이 사용한 명칭으로 역시 '많은 섬들의 나라'라는 뜻이다. 총 13,677개의 섬으로 이루어져 있으나, 이 중 커피가 재배되는 섬은 13개 정도이다.

17세기 중엽 아라비아인들의 커피 독점을 막고자 했던 네덜란드 출신의 산업스파이(?)가 아라비카 커피를 인도네시아 자바섬에 처음으로 들여와 재배를 시작했다. 그러나 1877년 병충해로 실패하였고, 그 후 19세기 초 로부스타 재배를 시작하여 지금 현재는 세계 4위의 커피생산국이 되었다.

품종

Arabica-Catimor

자바(JAVA)

자바는 World Wide Web(WWW) 상에서 프로그램을 실행할 수 있는 네트웍 기반의 아주 특별한 언어로 인터넷 프로그래밍 언어의 표준으로 자리잡아가고 있는데, 원래는 인도네시아의 섬 이름이다. 이 섬에서 나는 커피의 이름 또한 자바로, 여기서 이름을 딴 에스프레소 커피로 유명한 커피 체인점의 이름이기도 하다.

현재는 썬마이크로시스템에서 개발한 새로운 프로그래밍 언어의 이름으로 더 잘 알려져 있는데, 이는 개발자인 James Goslingg, Arthur Van Hoff, Andy Bechtolsheim의 이름 첫 글자를 조합했다는 설과, 개발자들이 자주 마시던 인도네시아산 커피 이름에서 따왔다는 설이 있다. 통상 많은 사람들은 JAVA가 Just Another Vague Acronym(또 하나의 모호한 머리글자)이라고 믿기도 한다.

재배지역

① Sumatra(65%)-Meda, Padang, Palembang, Panjang
② JAVA(17%)-Djakarta, Semarang, Surabaya
③ Sulawesi(7%)-Ujung Pandang
④ Bali(4%)-Buleleng

이외에도 Flores, Kalimantan, Moluques, Lombook, Timor, Irian Java 등이 있다.

인도네시아 커피 일반

인도네시아 커피는 전체 생산량의 약 90%가 로부스타로, 주로 자연건조법에 의해 가공된다. EX(Erste Kwaliteit)라고 불리는 로부스타 원두는 크기 및 결점수에 의해 6가지 등급으로 분류되는데 색깔이 다소 갈색을 띠며, 외관이 불균일하고 둥글다. 맛은 다소 강한 편으로 흙냄새(Earthy)가 나고,

쓴맛이 강하며 약간의 구수한 맛(Cereal)을 느끼게 한다.

인도네시아에서는 커피의 종류와 생산지역, 재배고도에 따라 수확시기가 다르고 일년 내내 수확이 된다. 아라비카는 고지의 화산지역에서 주로 재배가 되고 있으며, 로부스타는 상대적으로 저지대에서 재배가 되고 있다. 자바섬에서는 자바(Java), 수마트라섬에서는 만델링(Mandheling)이라는 우수한 아라비카종이 생산되고 있는데, 만델링 원두는 보통보다 큰 편으로 갈색을 띄며 신맛과 쓴맛이 조화되어 있다.

집산지

인도네시아 커피는 주로 네 군데의 집산지를 통해 수출되는데 집산지별로 품질차이가 있다. 수마트라 섬의 중부에 위치한 Palembang에서는 농부들에게 수매한 커피를 기계설비를 이용하여 가공한 후 손으로 좋지 않은 원두를 다시 선별해 내는데, 원두의 수매가 일정 지역, 일정 수집상을 통하여 이루어지므로 품질이 매우 양호하다. 북부 수마트라의 Medan 커피는 대체로 원두가 작고 수분함량이 높은 편이며, 남부 수마트라의 Lampung은 수마트라 전역에서 원두를 수매하기 때문에 상대적으로 품질이 떨어진다. 자바섬의 Surabaya 커피는 여기저기서 구매한 원두를 그대로 또는 단순히 혼합만 해서 수출하기 때문에 품질이 좋지 않다.

등급

인도네시아에서는 아라비카와 로부스타 두 가지가 생산되며, 가공 또한 건식법과 습식법이 모두 사용되고 있다. 등급은 공통 기준의 결점수에 따라 6가지로 나뉘어진다. 수출은 관례적으로 3등급까지만 하고 있으나, 제한이 있는 것은 아니다.

로부스타종은 자바 로부스타라 불리며, 깊은 맛과 쓴맛이 특징적인데, 만델링은 최고급 아라비카종의 대명사와 같은 존재이다. 그밖의 상품으로는 카로시, 트라자가 있다.

특이한 커피 음용습관

인도네시아에서는 커피를 끓일 때 드립퍼나 퍼코레이터 등의 기구를 사용하지 않는다. 큰 컵에 분쇄한 원두커피를 넣고 뜨거운 물을 부은 후 커피입자가 컵바닥에 가라앉으면 마시기 시작한다.

AP와 WIB

인도네시아 커피의 대부분은 일반적인 자연건조법에 의해 가공된다. 그러나 예외가 있어 자연건조법과 똑같이 과육을 말려서 제거한 후 원두를 서로 마찰시켜 표면을 닦아내 광택이 나도록 하는 공정(Polishing)을 거친 원두가 있는데 이를 AP라고 한다. 이는 After Polish, Apart, Aupa Producer, Ajatamna Producter, Ajer Panas 중 하나의 약자라고 하는데 그 의미는 모두 같다. 경우에 따라서는 이 공정을 단축시키기 위해 일부에서는 뜨거운 물로 원두 표면을 세척하기도 한다.

습식법에 의해 가공된 원두는 G.B(Gewone Bereiding), O.I.B(Ost Indische Bereiding), W.I.B(West Indische Bereiding)로 구분되는데 가공방법에 약간의 차이가 있다. G.B는 가장 일반적인 방식으로 가공된 것이고, O.I.B는 열매를 따지 않고 나무에 그대로 방치했다가 건조가 된 후 수확하여 수세한 것을 말한다. W.I.B는 1740년 네덜란드인에 의해 개발된 방법으로 손으로 일일이 과육을 제거하던 방법이다. 현재는 기계로 과육을 제거한 원두를 의미하며, 자바섬 동부의 큰 농장에서 나오는 로부스타가 이러한 방식으로 가공된다.

생산량·생산상황

로부스타종으로는 세계 최고의 품질을 자랑하지만, 현재는 아라비카종으로도 양질의 커피를 재배하고 있다. 특히 수라웨시섬, 수마트라섬에서 재배되고 있는 것은 세계적으로 고품질의 원두이다.

〈아시아의 커피 원두 소개〉

만델링 아라비카 (Mandheling Arabica : Indonesia)

인도네시아는 아시아 유수의 커피산지로 주로 자바, 수마트라, 카리만탄, 수라웨시 등의 섬에서 재배되고 있는데, 약 90%는 로부스타종이며 아라비카종은 약 10%에 지나지 않는다. 아라비카종은 표고 1000m 이상의 지역에서 재배되며, 결함수에 따라 1~6의 등급으로 구분된다. 이 희소한 아라비카종 중에 수마트라섬에서 생산되는 만델링은 최고급품으로 세계에서 이름이 높다.

블루 마운틴이 등장하기 이전에는 만델링이 세계 최고의 평판을 받았다. 큰 알맹이의 원두로, 독특한 격조 높은 향과 강한 쓴맛, 은은한 단맛, 풍부한 깊은 맛을 지닌 만델링 아라비카는 인상이 강한 맛이기 때문에 스트레이트 외에 카페오레와 아이스커피 등으로도 즐길 수 있다. 또한 블렌드에 넣으면 깊은 맛이 더해진다.

볶은 원두   생원두

만델링 아라비카

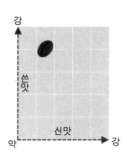

산지	인도네시아 공화국 수마트라섬
향·풍미의 특징	고급스러운 향, 강한 쓴맛
적합한 볶기	미디엄~시티(만델링의 쓴맛과 깊은 맛을 내기 위해서는 미디엄으로)
적합한 마시기	스트레이트, 카페오레, 에스프레소, 아이스커피

세레베스 트라자 (Celebes Traja : Indonesia)

인도네시아의 수라웨시섬에서 생산되는 최고급품이다. 13,000개 이상의 섬들로 이루어진 인도네시아에서 수라웨시는 4번째로 큰 섬이다. 알파벳 K와 같은 모양을 하고 있는 섬의 대부분이 산악지대로, 트라자 커피는 남수라웨시 북부의 타나 트라자에서 생산되고 있다.

이 지방은 독특한 문화와 전통을 지키며 이어져 내려온 트라자족의 땅으로도 유명하다. 커피농원은 물이 잘 빠지는 약산성의 토양과 산악 특유의 서리, 연간 2000mm를 넘는 풍부한 강우량 등, 커피재배에 적합한 환경인 표고 1000m 이상의 산간에 자리잡고 있다.

철저한 관리와 품질을 고집하고 있기 때문에 생산량이 적어 환상의 커피라고도 불릴 정도이다. 중간 볶기가 트라자의 개성을 살린다. 살짝 볶으면 특성이 강하다. 기품이 있는 향과, 쓴맛과 단맛의 밸런스가 잘 갖춰진 부드러운 맛은 스트레이트에 알맞다.

볶은 원두

생원두

세레베스 트라자

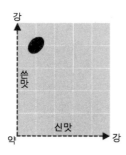

산지	인도네시아 공화국 수마트라섬
향·풍미의 특징	향기로운 향, 독특한 강한 쓴맛
적합한 볶기	미디엄
적합한 마시기	스트레이트

자바 로부스타 (Java Robusta : Indonesia)

인도네시아의 자바섬과 수마트라섬을 주산지로 하는 로부스타종의 커피이다. 인도네시아의 커피재배는 17세기말경 시작되었으며, 아프리카의 생산국에 이어 역사가 오래되었다. 당초에 들어온 것은 아라비카종이었지만, 19세기 후반에 잎마름병으로 파멸적인 피해를 받아, 이후 병에 강한 로부스타종이 주류가 되었다.

현재는 인도네시아의 커피 전생산량의 약 90%가 로부스타종이며, 그 중에서도 이 자바 로부스타는 이 나라의 대표적인 상품으로 알려져 있다. 블렌드의 액센트로 사용되는 경우가 많지만, 스트레이트로 즐길 수도 있다. 중간볶기로 부드러운 쓴맛을 즐길 수 있으며, 오래 볶으면 독특한 향과 깊은 맛을즐길 수 있다. 블렌드로 이용하면 풍미와 깊은 맛이 요구되는 아이스커피에적합하다. 블렌드로 이용하는 것이 일반적이지만, 좋은 원두를 스트레이트로 즐기는 팬도 있다.

붉은 원두   생원두

자바 로부스타

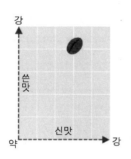

산지	인도네시아 공화국 자바섬, 수마트라섬
향·풍미의 특징	강한 신맛, 쓴맛
적합한 볶기	중간 볶기~오래 볶기
적합한 마시기	카페오레, 블렌드, 에스프레소, 아이스커피

베트남 로부스타 (Viet Nam Robusta : Vietnam)

베트남에서 커피재배가 시작된 것은, 약 150년 전의 프랑스 통치시대라 한다. 주요 산지는 중앙부 고원지대의 다크라크, 중남부의 란돈, 남부의 돈나이 등. 총생산량의 약 95%가 로부스타종으로 세계 최대의 로부스타 생산국이며, 커피의 수출량도 브라질에 이어 세계에서 2번째로 많다.

원두의 등급은 크기와 결함수에 따라 G1, G2, G3로 분류된다. 베트남의 로부스타는 인스턴트 커피나 캔 커피의 원료로 수출되는 경우가 많았지만, 최근에는 아시아 잡화의 붐 등과 함께 베트남식 커피의 인기가 높아져, 애호가들이 많아졌다.

베트남에서는 버터를 사용하여 오래 볶고, 농축우유를 넣은 글래스 위에 독특한 드립퍼를 세트하여 커피를 추출한다. 강한 쓴맛과 깊은 맛이 진한 밀크와 잘 어울린다.

붉은 원두 　　생원두

베트남 로부스타

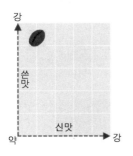

산지	베트남 사회주의공화국 다크라크, 란돈, 돈나이
향·풍미의 특징	뛰어난 향, 강한 쓴맛
적합한 볶기	시티
적합한 마시기	스트레이트, 밀크커피, 에스프레소, 아이스커피

05 태평양 외의 커피

미국 하와이주

생산량은 적지만 블루 마운틴과 나란히 고급품으로 여기는 하와이의 코나 커피는, 생산량의 대부분이 미국에서 소비되지만, 일부는 수출되고 있다. 그 밖에 호주와 파푸아뉴기니아 등 오세아니아에도 산지가 있다.

● 하와이의 커피 생산

생산량·생산상황

'빅 아일랜드'라 불리는 하와이제도 최대의 섬 하와이의 코나지구는, 고품질의 아라비카종 생산지로 알려져 있다. 생산량은 적기 때문에 시장가격은 높다.

품질·등급

'하와이 코나'에서는 결함두의 혼입률에 따라 '엑스트라 팬시', '팬시', 'No.1' 등으로 구분된다.

〈하와이의 커피 원두 소개〉

하와이 코나 엑스트라 팬시 (Hawaii Kona Extra Fancy : America)

하와이 코나는 하와이섬 코나지방산의 커피를 말한다. 하와이 중부의 마우나케아산과 마우나로아산의 서쪽 경사면에서, 이 섬에 커피가 들어온 19세기 초부터, 뛰어난 향기와 신맛이 나는 티비카종이 생산되고 있다.

고품질로 생산량이 많지 않기 때문에 블루 마운틴에 버금가는 고가이다. 원두의 등급은 크기, 수분량, 결함수에 따라 정해진다. 엑스트라 팬시는 스크린 19 이상, 수분량 9~12%, 생원두 1파운드(453g)당 완전 결함두 10개 정도 이내이면 최상급품이다. 정제도가 높은 생두는 초와 같은 형상의 푸른 빛을 띤 푸른 큰 원두로, 볶기도 깨끗하게 되어, 산지의 좋은 환경과 품질관리의 철저함을 엿볼 수 있다. 맛은 좋은 향기와 독특한 단맛과 신맛, 뚜렷한 깊은 맛이 특징이다. 권하고 싶은 맛은 중간 볶기지만, 오래 볶기도 지닌 맛을 잃지 않는다.

볶은 원두

생원두

하와이 코나 엑스트라 팬시

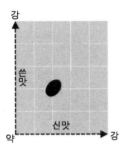

산지	미합중국 하와이주 하와이섬 코나지구
향·풍미의 특징	풍성한 향, 독특한 신맛, 깊은 맛
적합한 볶기	미디엄
적합한 마시기	스트레이트

06 세계의 커피 역사

연도	내 용
10~11세기	커피가 에티오피아에서 아라비아반도에 전해지고, 반 또는 반캄이라 불리었다.
12세기	예멘에서 최초로 커피를 재배한 것으로 추정됨(그 이전까지 커피는 에티오피아에서 야생의 상태로만 자람).
13세기 후반	아라비아를 중심으로 한 이슬람교의 국가들에서 볶은 원두를 삶아 비약으로 이용하게 되고, 커피를 볶는 기구가 만들어지게 되었다.

연도	내 용
14세기	예멘 사람들이 커피를 마셨다는 최초의 역사적인 흔적을 발견 (수피교도들에 의해서 '카와'라고 불림).
1454	아덴의 수도원에서 성직자 게마르딘에 의해, 커피가 민중에게 공개되었다.
1470	아프리카의 아비시니아고원에서 남아라비아의 예멘지방에 커피나무가 이식되었다. 커피가 Mecca와 Meding 지역으로 퍼져 나갔다.
1475	터키의 콘스탄티노플에 최초의 커피하우스 Kiva Han이 문을 열었다.
1570	콘스탄티노플의 종교지도자가 커피하우스 폐쇄를 명령하여 10년간 커피하우스가 폐쇄되었다.
1573	독일인 의사에 의해 커피에 관해 기술되어, 차츰 유럽인들에게 알려지게 된다.
1587	아브달 카디가 〈커피유래서〉를 지어 커피의 유래와 건전한 음료라고 말함.
1592	커피나무와 음료의 커피에 대한 해설이 처음으로 인쇄물에 등장.
1598	커피라는 말이 파르다누스 저 〈린스크텐의 여행〉으로 chaoua(체오우아)와 처음으로 영어로 기록됨.
1600년경	바바 부단이 커피의 묘목을 예멘에서 인도로 들여왔다.
1609	유럽의 동인도회사가 '모카' 커피에 대한 권리와 관련해 예멘항과 최초의 계약 체결.
1615	커피가 베네치아에 전해짐.
1616	커피가 모카지역에서 네덜란드로 전파되었다.
1625	커피에 감미를 위한 설탕이 처음으로 카이로에서 사용.
1640	네덜란드의 무역상이 유럽에서 처음으로 커피를 수입한다.

연도	내 용
1645	베네치아에 유럽 최초의 커피하우스가 문을 열었다.
1650	터키의 유대인이었던 Jacob이 영국 옥스포드에 최초의 커피하우스를 열었다.
1652	런던 최초의 커피하우스가 문을 열었다.
1658	네덜란드인들이 실론섬에서 커피 경작을 시작하였다.
1660	19,000 퀸토의 이집트산 '모카' 커피가 마르세유항에 하선.
1665	술탄 메흐메드 4세의 대사인 카라 메흐메드가 빈에 커피 풍습을 전함.
1668	미국에 커피가 전해진다.
1669	파리에 커피가 들어온다.
1670	독일에 커피가 들어온다.
1672	파스칼이라는 아르메니아인이 생 제르맹 시장의 140여 개 상점 중 한 군데에 파리 최초의 커피 상점을 개점.
1674	커피에 대한 여성들의 탄원서가 런던에서 발표되었다.
1675	Charles II세가 런던의 모든 커피하우수를 선동의 장소라 칭하며 폐쇄할 것을 명하였다.
1679	마르세유의 물리학자가 커피가 건강에 해롭다는 주장을 제기해 논란이 일었다. 독일 최초의 커피하우스가 함부르크에서 문을 열었다.
1683	콜시츠키가 유럽 최초의 본격적인 커피하우스를 개점.
1685	요하네스 디오다토라는 아르메니아인이 빈 최초의 카페를 개점. 훗날 세계적인 보험회사가 된 로이드사가 커피하우스를 개점.

연도	내 용
1686	파리에 카페 '카페 르 프로코프'[1])가 개점.
1696	뉴욕의 첫번째 커피하우스 The King's Arms가 문을 열었다.
1699	네덜란드가 자바에서 커피재배에 성공.
1706	자바에서 커피의 첫 출하를 네덜란드 본국에 보냄. 자바에서 재배된 첫번째 커피가 다시 암스트레담의 식물원에 되돌아갔다.
1710	프랑스에서 천 필터와 드리핑 기술 발명.
1714	자바에서 온 커피씨앗에서 발아한 나무가 네덜란드인에 의해 루이 14세에게 선물로 전달되고, 이 나무가 파리 식물원에서 재배되었다.
1715	프랑스가 브르봉 섬(레위니옹 섬)에서 커피를 재배하기 시작
1716	장 드 라 로크의 〈행복한 아라바아로의 여행〉 출간.
1719	네덜란드령 수리남에서 훔쳐온 커피 묘목을 프랑스령 기아나에 이식.
1720	플로렌스에 지금도 현존하는 Caffe Florian이 문을 열었다.
1723	가브리엘 드 쿠류가 파리 식물원에서 마르티니크섬으로 커피의 묘목을 옮긴다.
1726	부르봉 섬에서 재배한 커피를 프랑스로 수출하기 시작.
1727	Francisco de Mello Patheta가 프랑스령 기아나에서 브라질로 커피 씨앗과 나무를 가져갔다.
1730	영국이 자메이카에서 커피 경작을 시작했다.

---

1) '카페' 르 프로코프(Le Procopel) : 생 제르멩 거리에서 골목길로 들어가면 있는 카페. 나폴레옹이 이 곳에서 커피를 마시고 돈이 없어서 모자를 맡겼다. 로베스 피에르, 마라 등이 프랑스 혁명을 이야기한 자리로도 유명하다.

연도	내 용
1732	바하의 '커피칸타타'가 라이프치히에서 첫 상연.
1760	로마에 '안티코 카페 그레코' 개점.
1763	프랑스에서 드립식 커피포트를 발명. - 각지에서 커피재배가 시작된다. 브라질(1729), 자메이카(1730), 과테말라(1750), 코스타 리카(1779), 멕시코(1790), 콜롬비아(18세기 후반)
1773	보스턴 홍차사건. 보스턴의 바다에 홍차를 내던지고, 커피가 미 국의 상용음료가 된다.
1777	프로이센의 프레드리히 대왕은 당시 국민의 음료로 사랑 받던 맥주가 커피로 인해 소비가 감소하자 커피를 탄핵하는 성명서를 발표.
1800년 경	프랑스에서 드 베로와가 드립포트를 발명. - 각지에서 커피재배가 시작된다. 하와이(1825), 엘살바도르(1840)
1809	미국이 처음으로 브라질에서 수입한 커피가 메사추세스 살렘에 도착.
1825	독일에서 바큠 발명.(영국 상표인 '코나 Cona'라는 이름으로 더 유명함)
1839	발자크의 〈현대 자극제 개론〉 출간.
1840년 경	영국에서 사이펀이 발명됨.
1848	프랑스의 노예제도 폐지.
1869	실론섬에서 최초로 커피 녹병이 보고되었다. 이로부터 10년이 지나지 않아서 실론섬과 인도를 비롯한 거의 모든 아시아의 커 피농장이 녹병으로 인해 커다란 피해를 입었다.

연도	내 용
1873	John Arbuckle이 Ariosa라는 브랜드로 포장된 원두커피를 성공적으로 발매하였다.
1882	뉴욕 선물시장(The New York Coffee Exchange)이 사업을 시작하였다.
1888	브라질의 노예제도 폐지.
1895	안젤로 모리온도라는 기술자에 의해 증기압을 이용한 커피포트 발명.
1900	브라질이 전세계 커피 생산량의 90%를 생산.
1901	일본인 기술자 카토 사토리에 의해서 미국의 인스턴트 커피 발명.
1904	Fernando Illy가 현대식 에스프레소 머신을 발명하였다.
1906	브라질이 커피 물가 안정책(Valorization of Coffee)이라는 이름으로 일부 커피를 시장에 내놓지 않음으로 세계 커피 가격을 인상시키려는 시도를 하였다.
1907	인스턴트 커피가 미국에서 군사용품으로 제조되어, 제2차 세계대전 후 일반에게 소비되게 되었다. - 각지에서 커피재배가 시작된다. 영국령 동아프리카(1901), 아이보리코스트(1931)
1908	멜리타 벤츠의 종이 필터 발명.
1910	독일이 Dekafa라는 제품명의 디카페인 커피를 미국시장에 선보였다.
1911	미국 커피 회사들은 the National Coffee Association의 전신인 국가적 협회를 조직하였다.
1928	콜롬비아 커피연합(The colombian Coffee Federation)이 설립되었다.
1938	브라질의 네슬레 기술자가 최초로 상업적으로 성공한 인스턴트 커피 Nescale를 발명하였다.

연도	내　용
1948	밀라노의 한 술집 주인 아킬레 가자가 최초의 에스프레소 기구를 발명함.
1959	Juan Valdez가 콜롬비아 커피의 홍보대사가 되었다.
1962	International Coffee Agreement가 커피 공급을 조절하기 위하여 전세계적인 카르텔을 조직하였다.
1965	동결건조법을 이용한 인스턴트 커피 발명. 파리의 로스팅 업자인 페레 베를레가 레스토랑 주인에게 원산지가 표시된 원두를 사용할 것을 제안.
1971	스타벅스 1호점이 시애틀에 문을 열었다.
1973	과테말라 커피가 처음으로 유럽에 수입되었다.
1975	브라질의 커피가 서리로 인해 커다란 피해를 입었고, 이로 인해 커피 가격은 사상 유래 없는 고가를 기록하게 됨.
1976	국제커피기구 가맹국이 수출 총량의 가격안정을 위해 할당제를 취함.
1982	제1차 커피기구(ICO) 설립.
1986	브라질 큰 가뭄.
1989	런던조약의 만료. 갱신되지 않음.
1995	프랑스에서 자크 바브르 상사가 4종류의 고급 원두를 유통하기 시작.
1997	12세기의 것으로 추정되는 예멘산의 볶은 커피콩이 두바이(아랍에미레이트 연방) 근처에서 고고학 탐사단에 의해서 발굴.

07 고급 원두 소개

과테말라(Guatemala)

안티구아, 코반, 우에우에테낭고는 부드러운 가운데 톡 쏘는 맛과 초콜릿 맛, 신맛이 나고, 전체적으로 쌉쌀한 맛이 난다. 일과 중에 마시기 적합한 커피이다.

드지마(Djimah)

에티오피아에서 생산되는 세 가지 모카 중 하나로, 맛이 아주 쓰다. 일과 중에 마시기 적합하다.

레켐티(Lekempti)

에티오피아에서 생산되는 쓴맛이 강한 모카. 거친 맛과 약간의 쏘는 맛이 있어서, 오후에 마시기 적합하다.

리무(Limmu)

에티오피아에서 생산되는 세 종류의 세척 모카 커피 중의 하나로, 세계에서 카페인이 가장 적은 커피이다. 부드럽고 향이 풍부해서 저녁에 마시기 적합하다.

마라고지페(Maragogype)

니카라과와 멕시코에서 생산되며, 리키담바르(Liquidambar)의 상표를 가진다. 마라고지페는 크기가 유달리 큰 변종 아라비카로서, 맛이 연하고 향이 풍부해 아침에 마시기 적합하다.

말라바르(Malabar)

인도산 고급 아라비카. 6주 이상 계절풍을 쐬어서 숙성시킨 몬수닝 커피이다. 톡 쏘는 맛에 풀맛이 배어 있어 풍부한 맛을 자랑하며, 노란빛을 띄고 있다. 전체적으로 맛이 쓴 편이라 오후에 마시기 적합하다.

미소레(Mysore)

카페인이 거의 없는 연한 맛의 인도산 아라비카. 오후와 저녁에 마시기 적합하다.

브라질(Brésil)

바이아, 산투스, 쉴 데 미나스 등의 이름을 가지고 있는 브라질 최상급의 아라비카는 부드럽고 균형잡힌 맛을 지니고 있다. 브라질 커피는 아침에 마시기 완벽한 커피이다.

블루 마운틴(Blue mountain)

자메이카에서 수확되는 탁월한 품질의 고급 원두이다. 아주 부드럽고 향기로우며, 신맛과 초콜릿 맛이 기분좋게 어우러져 있다. 희귀하고 비싼 원두이며, 식사 후나, 오후, 저녁에 마시기 적합하다.

사나니(Sanani)

예멘에서 이식된 천연 모카 중 하나로, 전체적으로 강하고 쓴맛이 나지만 상황에 따라 맛의 차이가 있다.

살바도르 파카마라(Pacamara du salvador)

섬세한 맛의 아라비카 변종으로, 살바도르에서 재배된다. 부드럽고 연한 맛의 이 커피는 아침과 저녁에 마시기 적합하다.

수마트라(Sumatra)

인도네시아에서 재배되는 아주 쓴맛의 아라비카 커피. 쓴맛을 완화시키고 섬세한 맛을 풍부하게 하기 위해 여러 해 동안 숙성되도록 내버려두기도 한다. 낮시간에 마시기 적합하다.

수푸리모(Supremo)

최상급 콜롬비아 원두. 부드럽고 향기로운 맛을 지니고 있는 커피로서, 하루 중 언제 마셔도 좋다.

시그리 뉴기니(Sigri nouvelle-guinee)

블루 마운틴 품종에서 이식된 세계 최고의 커피 중 하나. 맛과 향이 풍부하고 부드러운 맛과 초콜릿 맛이 어우러져 있다. 저녁에 마시기 적합한 커피이다.

시다모(Sidamo)

에티오피아에서 재배되는 최상급의 세척 모카 커피. 부드럽고 풍부한 맛에 신맛이 어우러져 있으며, 꽃향기가 난다. 카페인이 거의 없어 저녁에 마시기에 완벽한 커피이다. 카라콜리가 유명하다.

엑셀소(Excelso)

콜롬비아에서 생산되는 기본적인 원두. 아주 부드럽고 맛이 가벼워서, 아침에 마시기 적합하다.

이르가체페(Yirgacheffe)

에티오피아산 세척 모카 커피. 아주 희귀하고 카페인이 거의 없다. 신맛과 초콜릿 맛, 꽃향기가 어우러진 커피이다. 저녁에 마시기 적합하다.

이아우크 셀렉투(Yauco selecto)

가장 쓴맛의 커피로 희귀해서 가격이 비싼 커피이다. 푸에르토리코에서 유래한 이 고급 원두는 맛이 강하고, 향기가 풍부해서 낮시간에 마시기 적합하다.

자바(Java)

점점 희귀해져가는 인도네시아산 아라비카. 신선한 풀맛, 매콤한 맛, 쓴맛이 나는 커피로서, 일과중에 마시기 적합하다.

짐바브웨(Zimbabwe)

신맛과 톡 쏘는 맛이 뒤섞인 감미로운 커피로서, 저녁에 마시는 것이 더 좋다.

칼로시(Kalossi)

인도네시아 셀레베스 섬에서 생산된 고급 원두로, 쓴맛과 과일 맛이 나고 향이 아주 풍부하다. 일과중에 마시기 좋다.

코스타리카(Costarica)

타라수, 트레스 리오스, 투르농 등은 맛과 향이 균형잡혀 있으며, 약간의 신맛과 조금 더 강한 쓴맛의 훌륭한 원두들이다. 낮에 마시기 적합하다.

탄자니아(Tanzanie)

동아프리카에서 재배되는 다른 모든 커피와 마찬가지로 과일 맛과 신맛이 나며, 다른 커피에 비해 약간 더 부드러운 맛이 특징이다. 아침과 저녁에 마시기 아주 좋다.

아라(Harrar)

에티오피아에서 생산되는 모카로 꽃향기가 나고 부드러워, 아침에 마시기 적합하다.

아와이 코나(Hawai kona)

가장 희귀하고 값비싼 최상급 원두 중 하나로 하와이에서 재배된다. 맛이 아주 부드럽고 향기로우며, 약간의 신맛과 매콤한 맛도 느낄 수 있다. 저녁에 마시기에 더할나위 없이 좋다.

찾 아 보 기

【영문】

C

I

L

P

R

S

T

U

◆ 참고문언

- 강중만·오두진, 고종 스타벅스에 가다, 인물과사상사, 2005
- 고송이, 수요일의 커피하우스, 동풍, 2008
- 김대기, 김대기의 바리스타 교본, MJ미디어, 2009
- 김리나·차광호·박지인·남지우, 세상에서 가장 맛있는 커피 15잔, 지상사, 2009
- 김민주, 커피경제학, 지훈, 2008
- 김은실 외, 커피풍경, MJ미디어
- 김정열, 커피수첩, 대원, 2008
- 김준, 커피, 김영사, 2006
- 김태종, 머피마녀의 여의주 레시피, 빛나는 나무, 2009
- 김효수, 천사와 커피를 마시다, 디앤씨미디어, 2010
- 김휘도, 아직도 내가 향 커피를 마시는 이유는, 신리서원, 2002
- 한승환, 커피 좋아하세요?, 자유지성사, 1999
- 허형만, 허형만의 커피스쿨, 팜파스, 2009
- 원융희, 영혼의 향기, 백산출판사, 2010
- 원융희, 커피이야기, 학문사, 1999
- 이윤호, 완벽한 한 잔의 커피를 위하여, MJ미디어, 2004
- 박상희, 커피홀릭's노트 : 집에서 즐기는 스페셜티 커피레시피, 예담, 2008
- 배숭근, 요즘 뜨는 커피&음료만들기, 크라운출판사, 2003
- 배인순, 30년만에 부르는 커피한잔, 한섬, 2003
- 오석대, 데빌은 커피로 인간을, 신광출판사, 2001
- 윤건·조현경·김상현, 커피가 사람에게 말했다, 페이지원, 2009
- 이동진, I Love Coffee and Cafe, 동아일보사, 2009
- 이명석, 모든 요일의 카페 : 커피홀릭 M의 카페라이프, 효형출판, 2009
- 이선미, 커피프린스1호점, 눈과마음, 2007
- 이영민, 커피 트레이닝, 아이비라인, 2002
- 이영도외, 커피잔을 들고 재채기, 황금가지, 2009
- 이우빈, 커피·카피 로피, 나눔사, 2005
- 전광수·이승훈, 커피 바리스타, 형설출판사, 2007
- 전남여류문학회, 커피한잔, 한국문학재단 한림, 2008
- 정현, 주님과 커피한잔, 베드로서원, 2000
- 차선희, 커피와 레모네이드, 동아, 2007
- 딘 사이킨, 자바 트레커, 황소걸음, 2009
- 마리아 솔레 마리아, 커피잔 아저씨, 정인출판사, 2001

- 밥버그 · 존데이비드만, 레이첼의 커피, 대성닷컴, 2008
- 스튜어트 리 앨린, 커피견문록, 이마고, 2006
- 알린지브란, 커피향의 그리움, 을파소, 2000
- 오카기타로, 커피한잔의 힘 : 커피가 병을 예방하다, 시금치, 2009
- 조나단콜린스, 커피하우스에서 얻은 지혜, 학원사, 2001
- 잭 캔필드 · 마크빅더한센, 커피 · 레버's 소울, 잭 캔필드 · 마크빅더한센, Barom Works, 2009
- 카를로 필립스, 커피우유와 소보로 빵, 푸른숲, 2006
- 하워드슐츠 · 도리존슨, 스타벅스 커피 한잔에 담긴 성공신화, 김영사, 2003
- 동서식품아카데미

- DINE WITH EUROPE'S, Desserts, KO"NEMANN, 1988
- Le Cordon Bleu, Home Collection, Italian, Periplus Editions, Singapore, 1988
- Le Cordon Bleu, Home Collection, Desserts, Periplus Editions, Singapore, 1988
- Le Cordon Bleu, Home Collection, Finger Food, Periplus Editions, Singapore, 1988
- Le Cordon Bleu, Home Collection, Breakfasts, Periplus Editions, Singapore, 1988
- Le Cordon Bleu, Home Collection, Puddings, Periplus Editions, Singapore, 1988
- Le Cordon Bleu, Home Collection, Tarts & Pastries, Periplus Editions, Singapore, 1988
- Le Cordon Bleu, Home Collection, Biscuits, Periplus Editions, Singapore, 1988
- Le Cordon Bleu, Home Collection, Chocolate, Periplus Editions, Singapore, 1988
- Le Cordon Bleu, Home Collection, Cakes, Periplus Editions, Singapore, 1988
- Le Cordon Bleu, Home Collection, Quiches & Savouries, Periplus Editions, Singapore, 1988

〈잡지 외〉
- Cookand, 2007년 3월호
- Cookand, 2007년 11월호
- Cookand, 2008년 4월호
- http://blog.naver.com/angels_share?Redirect=Log&logNo=110040326029

- http://cafe.naver.com/joonggonara.cafe?iframe_url=/ArticleRead.nhn%3Fa
  rticleid=22781787
- http://www.cariboukorea.co.kr/our_coffee/brew_your_best.php
- http://blog.naver.com/caf316/150075225511
- http://cafe.naver.com/coffeemiso.cafe?iframe_url=/ArticleRead.nhn%3Farti
  cleid=649
- http://blog.naver.com/blueharay?Redirect=Log&logNo=30085122931
- http://blog.naver.com/drea15?Redirect=Log&logNo=20106265214
- http://photo.naver.com/view/2009070705101358913
- http://cafe.naver.com/hbmom.cafe?iframe_url=/ArticleRead.nhn%3Farticleid
  =7068
- http://cafe.naver.com/sarrara.cafe?iframe_url=/ArticleRead.nhn%3Farticleid
  =205
- http://blog.naver.com/mth7788?Redirect=Log&logNo=100088871845
- http://kitchen.naver.com/food/viewDetail.nhn?foodId=19&foodMtrlTp=BR
- http://kitchen.naver.com/food/viewDetail.nhn?foodId=24&foodMtrlTp=CO

〈논문〉
- 김순하, 일본 커피시장의 발전 과정에 관한 문헌적 연구, 한국조리학회지 제16권2호
  155~169p, 2010
- 정영우, 커피전문점 만족도 및 고객 충성도에 미치는 요인에 관한 연구, 한국조리학회지 제
  12권4호 1~17p, 2006

■ 저자 약력

■ 정해옥
·숙명여자대학교 식품영양학과 졸업
·숙명여자대학교 대학원 식품영양학과 졸업
·전남대학교 식품공학과 박사
·미국 뉴저지 주립대학교 식품과학과 박사 후 연구
 (Post Doc.)(1992~1993년)
·현재 초당대학교 조리과학부 교수(1997~)
·자격증 : 조리사, 영양사, 교육부 정교사 2급 자격증
·한국궁중음식연구소 궁중음식 수료
·저서 : 한국음식의 이해(교학연구사)
        한국음식(문지사)
        21세기 식품과 영양(문지사)
        한국조리학(교학연구사)
        한국의 후식류(MJ미디어)

우리가 알아야 할

커피 사전

2010년 9월 30일 제1판제1발행
2013년 6월 20일 제1판제2발행

저 자 정 해 옥
발행인 나 영 찬

발행처 **MJ미디어** ————————

서울특별시 동대문구 신설동 104의 29
전 화 : 2234-9703/2235-0791/2238-7744
FAX : 2252-4559
등 록 : 1993. 9. 4. 제6-0148호

정가 13,500원